安全与应急管理系列丛书

迈向大安全

——职业安全、公共安全的边界及转换机理

翁翼飞　著

中国水利水电出版社
www.waterpub.com.cn
·北京·

内 容 提 要

  本书是"安全与应急管理系列丛书"的第二部，该丛书从政府、企业、社会组织等角度，推动新时代安全与应急管理理论与实践探索，助力大国应急事业。本书探讨了职业安全、公共安全的边界及转换机理，目的在于统筹"大安全"问题，推动实现社会安全福祉最大化，推进国家安全治理体系和治理能力现代化，为"中国之治"铸牢安全基础。以总体国家安全观、安全发展观、安全科学、公共管理学、企业管理学等为理论基础，阐释了职业安全、公共安全的基本内涵、区别与联系，分析了主体责任边界、产权边界和成本边界，从目的、类型、时机、驱动力、途径等方面剖析了二者之间的转换机理，提出了社会安全无差异曲线和边际安全替代率、安全可能性边界和边际安全转换率并构建了安全产品供求和转换的数学模型，找到了社会安全福祉最大化和帕累托最优的条件和期望值，提出了保障二者各自及相互转换的政策建议。

  本书可供政府安全生产与应急管理主管部门有关人员，以及公共政策与管理、安全与应急领域的学者、研究生和高年级本科生阅读参考。

图书在版编目（ＣＩＰ）数据

迈向大安全：职业安全、公共安全的边界及转换机
理 / 翁翼飞著. -- 北京：中国水利水电出版社，
2020.8
 （安全与应急管理系列丛书）
 ISBN 978-7-5170-9073-1

 Ⅰ．①迈… Ⅱ．①翁… Ⅲ．①劳动安全－研究②公共
安全－研究 Ⅳ．①X9②D035.29

 中国版本图书馆CIP数据核字（2020）第213310号

	安全与应急管理系列丛书	
书　　名	**迈向大安全——职业安全、公共安全的边界及转换机理** MAI XIANG DA ANQUAN ——ZHIYE ANQUAN、GONGGONG ANQUAN DE BIANJIE JI ZHUANHUAN JILI	
作　　者	翁翼飞　著	
出版发行	中国水利水电出版社 （北京市海淀区玉渊潭南路 1 号 D 座　100038） 网址：www. waterpub. com. cn E - mail：sales@waterpub. com. cn 电话：（010）68367658（营销中心）	
经　　售	北京科水图书销售中心（零售） 电话：（010）88383994、63202643、68545874 全国各地新华书店和相关出版物销售网点	
排　　版	中国水利水电出版社微机排版中心	
印　　刷	清淞永业（天津）印刷有限公司	
规　　格	170mm×240mm　16 开本　8 印张　135 千字	
版　　次	2020 年 8 月第 1 版　2020 年 8 月第 1 次印刷	
印　　数	001—600 册	
定　　价	**45.00 元**	

前　言

自从有了人，就有了"安全"问题。"无危则安，无缺则全。"安全是人类社会个体和集体追求的理想状态和永恒主题，同人的生命、生产、生活息息相关、形影不离、相伴始终。进入21世纪第三个10年，随着世界经济、政治、科技、文化等的发展和融合，安全的外延和内涵愈加复杂、广泛而深远，是多领域令人瞩目的高频热词。不管人们愿不愿意承认和接受，我们都已经被裹挟进入风险社会。一场突如其来、席卷全球的新型冠状病毒肺炎（以下简称"新冠肺炎"）疫情在深刻诠释了"人类命运共同体"理念的同时，将"安全""个体安全""公共安全"等概念以成千上万条生命的代价严肃而冷漠地抛给了傲慢而慌乱的人类，更不要说人们甚至已经有些习以为常的地震、飓风、洪涝、矿难、沉船、车祸、火灾、爆炸、垮塌等天灾人祸。

根据国内外实践探索和理论研究的最新进展，安全领域的发展趋势可用"SSI"和"SHEEQ"两组英文缩写来概括。从安全的内涵看，发展趋势是微观安全和宏观安全一体化（safety & security integration，SSI）。Safety偏重于表征微观或有形的安全，比如生产安全、生活卫生、环境安全、职业卫生健康等；Security偏重于表征宏观或无形的安全，比如政治安全、经济安全、社会安全、文化安全等。当前，两个"S"呈现出相互渗透、深度融合、"你中有我、我中有你"的发展趋势。比如，一起危险化学品爆炸事故，如果现场应急处置或社会舆情应对失当，就可能会引发系统性风险，从生产安全（work safety）放大为社会安全（social security）问题，从职业卫生安全（occupational health safety）放大为公共卫生安全（public health safety）和环境安全（environmental safety）问题。再如，各国新冠肺炎疫情防控，毫无疑问地从公共卫生安全（public health safety）事件拓展为生物安全（biosafety）、社会安全（social security）、政治安全（political security）、经济安全（economic security）、科技安全（scientific & technological security）、信息安全（information security）等广泛的安全问题。从上述两例可以看出，安全的内涵愈来愈广，"大安全（broad safety）"的趋势愈来愈明显。

从安全的外延看，发展趋势是安全、健康、环境、应急、质量一体化（safety，health，environment，emergency & quality integration，SHEEQ）。我们先从市场经济的细胞——企业的微观角度考察，100 多年前，曾经做过 20 多年煤矿矿长的法国著名管理学家亨利·法约尔在其经典著作《工业管理和一般管理》（1916）中就将安全活动作为企业管理的重要任务。经过工业化乃至信息化洗礼、文明程度日渐提升的现代企业，特别是矿山、化工、建筑施工等高危行业企业，甚至一般性的商贸和餐饮服务企业，对安全的理解和认识逐步从安全生产拓展至职业健康、环境保护、应急管理、质量控制等方面。这是因为这些方面具有共性，比如几乎都将人、机、环、管、法作为基本要素，相同或相似的要素之间按照不同组合，形成了不同但相互关联的企业子系统，如安全生产子系统、职业健康子系统、环境保护子系统、应急管理子系统、质量控制子系统等。而一般的企业通常会将这五方面纳入一个部门统筹管理，比如安全健康部、安全环境部、安全质量部等。其中，安全是基础、是根本，是最为关键和紧要的。例如，某种有毒制剂贮罐的阀门，往往不仅是可能导致爆炸等生产安全事故的危险源，同时也可能是泄漏有毒物质引发生态环境问题的根源，还可能是职业卫生问题的源头、应急救援处置的重点、质量控制的重要环节等。把视角从企业放大到宏观的经济社会复杂巨系统，这五个方面也因其要素相同、认知和管理方法相似而逐渐有机地融为一体。可见，无论是微观还是宏观层面，安全的外延在不断拓展，安全、健康、环境、应急、质量几方面相互融合，日趋一体化，呈现出"大安全"的发展趋势。

从我国安全领域的法制导向、政策思路、体制机制改革看，也同样呈现出"大安全"态势。中国特色社会主义进入新时代，社会基本矛盾已经转化为人民日益增长的美好生活需要和不平衡不充分的发展之间的矛盾，而安全领域的不平衡不充分则是社会基本矛盾的重要反映。党中央、国务院高度重视安全生产工作，将其纳入"五位一体"总体布局和"四个全面"战略布局统筹推进。2007年施行的《突发事件应对法》提出了自然灾害、事故灾难、公共卫生事件和社会安全事件4种突发事件，分别对应着生态环境安全、生产安全、公共卫生安全和社会安全，初步体现了整合各类安全的政策和法制导向。2014年提出的"总体国家安全观"涵盖了11种安全，即政治安全、国土安全、军事安全、经济安全、文化安全、社会安全、科技安全、信息安全、生态安全、资源安全、核安全，这是最宏观、最磅礴的"大安全"。十九届三中全会对深化党和国家机构改革作出重大决策部署，将分散在国家安全生产监督管理总局、国务院办公厅、公安部（消防）、民政部、国土资源部、水利部、农业部、林业局、地震局以及防汛抗旱指挥部、国家减灾委、抗震救灾指挥部、森林防火指挥部等11个部门以及议事机构的13项应急管理相关职能进行整合，于2018年组建了应急管理部，统筹实施对全灾种的全流程和全方位管理，履行安全生产、防灾减灾救灾、应急救援等职能，系统性重塑了国家应急管理体制机制，突出了"全灾种""大安全""大应急"，有力提升了公共安全保障能力，充分体现了社会主义制度的巨大优越性。2020年的新冠肺炎疫情，极大地考验了公共卫生安全与应急体系，同时推动生物安全纳入了"大安全"范畴。对安全领域各类"灰犀牛"和"黑天鹅"的主动应对与积极防控，必将深刻推动我国安全与应急管理体系和能力现代化。

综上，安全在内涵、外延、政策法律沿革及导向等多个维度，都展现出各类安全融会贯通、整合集成的"大安全"发展趋势，并已经为官、商、学等各界所广泛认可。按照系统论思想，既可"合得起来",也能"分得开来",因此我们试图从另外一种视角,把"合起来"的"大安全"问题"分开来",进行再审视、再分解、再剖析。以十八届三中全会精神为指引,在社会主义市场经济条件下,这个视角就是政府与市场的关系、政府与企业(生产经营单位)的关系,就是市场经济各主体及其边界,就是政府和企业的边界。在安全领域,单凭政府或只靠企业无法解决所有问题,存在政府失灵和市场失灵现象,需要多元化供给。因此,以企业边界为界线,我们可以把整合集成起来的"大安全"问题分解为职业安全和公共安全,这也是本书的主题和研究对象。换言之,不管是SSI还是SHEEQ,都可划分为职业安全和公共安全,这就解决了安全的主体问题,进而明确了政府和企业各主体责任、权利、义务、投入、成本、收益、管理、措施等的边界。

那么,职业安全、公共安全二者如何界定?它们之间有什么样的联系和区别?其边界究竟在哪儿?如何找到边界?是否可以转换?为什么要转换?转换的驱动力是什么?转换的时机在哪儿?需要满足什么条件方可转换……本书的目的就是探索这个边界、这种转换的经济学、管理学原理和运作机理,因势利导,推动或阻断(延缓)这种转换(嬗变),从而提升全社会的安全福祉(效用)。总之,本书以"分、总、分"的逻辑,试图探溯、认知、阐释、应对和破解"大安全"问题的经济学、管理学、安全学解释和理论密码。

同时,在研究的过程中,作者发现,社会主义市场经济体制对这个边界的界定以及这种转换的推动或阻断(延缓)具有天然的制度优势。社会主义市场经济体制统筹兼顾了公共安全福祉和个体安全利益,统筹兼顾了公共安全产品、私人安全产品、准公共安全产品的提供,统筹兼顾了对安全领域政府失灵和市场失灵的破解,统筹兼顾了对"公场所"安全和"私场所"安全的监管治理……即在安全领域,社会主义市场经济实现了"公权力"和"私权利"有机统一。这也可以视为本书的另外一条线索,即在新时代中国特色社会主义思想指导下，为推动构建"大国安全"和"大国应急"体系、推进安全与应急管理体系和能力现代化、建设安全保障型社会作了理论注脚，在一定程度上探溯和阐释了"中国之治"的安全密码。

本书谨向坚守初心、勇担使命的新时代"安全人""应急人"致敬！向实现第一个百年奋斗目标和中华民族的伟大历史复兴致敬！向伟大的中国共产党成立100周年致敬！

作者

2020 年 5 月

目录

第 1 章

绪　　论

本章阐述了大安全及职业安全、公共安全问题的研究背景，包括我国安全生产政策背景、当前安全生产形势及存在的突出问题。研究目的是统筹大安全问题，实现社会安全福祉（效用）最大化，全面提升国家安全治理能力和安全发展水平，具有一定的战略前瞻性、政策先导性和现实意义。尔后，从职业安全和职业安全健康管理、公共安全和公共安全管理、企业安全管理等方面进行了详细的文献综述，重点指出了在职业安全与公共安全的区别、边界界定、相互转换机理及条件等领域尚无相关研究成果，阐述了本书的研究思路、研究方法、技术路线、主要研究内容和结构框架。

1.1　研究背景、目的及意义

1.1.1　研究背景

安全是当今世界各国经济、社会发展的重要目标和公共政策的出发点之一，也是人类生产、生活过程所追求的理想境界。安全是人类生存和发展的最基本需要和永恒主题之一。安全与生产是一对"孪生姐妹"和矛盾统一体，生产过程中必然存在安全问题，安全贯穿于生产的始终。安全对生产起着既制约又促进的作用。安全工作搞不好，隐患遍布、事故频发，会造成巨大的人员和财产损失，增加生产运营成本，造成恶劣的社会影响，从而阻碍生产的发展。同时，安全生产保护"人"这个生产力中最积极、最活跃的因素，故而从根本上保护生产力。

党的十八大以来，党中央、国务院高度重视安全生产工作，把安全生产纳入"五位一体"总体布局和"四个全面"战略布局统筹推进，从增强红线意识、建立健全责任体系、强化企业主体责任、加快改革创新、构建长效机制、领导干部要敢于担当、防范化解重大安全风险等方面，为安全发展立柱架梁、谋篇布局，明确了安全生产工作的努力方向、重点任务和主要措施。党的十八大强调，要强化公共安全体系和企业安全生产基础建设，遏制重特大安全事故。十八届三中全会对安全生产提出要求，要深化安全生产管理体制改革，建立隐患排查治理体系和安全预防控制体系，遏制重特大安全事故。健全防灾减灾救灾体制。十八届四中全会和《中共中央关于全面推进依法治国若干重大问题的决定》又从"深入推进依法行政、加快建设法治政府"的高度把安全生产纳入了法治化轨道。随后，新《安全生产法》于 2014 年 12 月 1 日颁布实施，确立了"以人为本、安全发展的指导原则和安全第一、预防为主、综合治理"的方针，建立了生产经营单位负责、职工参与、政府监管、行业自律和社会监督的机制，在总体思路上突出事故隐患排查治理和事前预防，重点强化和落实生产经营单位主体责任；强化政府监管，完善监管措施，加大监管力度；强化安全生产责任追究，加重对违法行为特别是对责任人的处罚力度。新《安全生产法》进一步强调了安全生产定位、安全生产责任制、安全生产投入、事故隐患排查治理等问题，为加强安全生产工作、有效防范和坚决遏制生产安全事故、保障人民群众生命财产安全、促进经济社会可持续发展提供了有力的法律支撑。2015 年 10 月发布的十八届五中全会公报要求，要牢固树立安全发展观念，坚持人民利益至上，健全公共安全体系，完善和落实安全生产责任和管理制度，切实维护人民生命财产安全。2016 年 12 月发布的《中共中央 国务院关于推进安全生产领域改革发展的意见》强调，要牢固树立新发展理念，坚持安全发展，坚守发展决不能以牺牲安全为代价这条不可触碰的红线，以防范遏制重特大生产安全事故为重点，坚持安全第一、预防为主、综合治理的方针，加强领导、改革创新，协调联动、齐抓共管，着力强化企业安全生产主体责任，着力堵塞监督管理漏洞，着力解决不遵守法律法规的问题，依靠严密的责任体系、严格的法治措施、有效的体制机制、有力的基础保障和完善的系统治理，切实增强安全防范治理能力，大力提升我国安全生产整体水平，确保人民群众安康幸福、共享改革发展和社会文明进步成果。2017 年 10 月，党的十九大将"坚持总体国家安全观"作为中国特色社会主义基本方略即"十四个坚持"之一，并要求统筹发展和安全，增强忧患意识，做到居安思危。必须坚持国家利益至上，以人民安全为宗旨，以政治安全为根本，统筹外部安全和内部安全、国土安全和国民安全、传统安全和非传统安全、自身安全和共同安全，完善国家安全制度体系，加强国家安全能力建设，坚决维护国家主权、安全、发展利益。打造共建共治共享的社会治理格局。加强社会治理制度建设，完善党委领导、政府负责、社会协同、公众参与、法治保障的社会治理体制，提高社会治理社会化、法治化、智能化、专业化水平。树立安全发展理念，弘扬生命至上、安全第一的思想，健全公共安全体系，完善安全生产责任制，坚决遏制重特大安全事故，提升防灾减灾救灾能力。2018 年 3 月，国家组建了应急管理部，统筹实施对全灾种的全流程和全方位管理，履行安全生产、防灾减灾救灾、应急救援等职能，系统性重塑了国家应急管理体制机制，突出了"大安全""大应急"，充分体现了社会主义制度的巨大优越性。2019 年 10 月，党的十九届四中全会通过了《中共中央关于坚持和完善中国特色社会主义制度、推进国家治理体系和治理能力现代化若干重大问题的决定》，将公共安全与应急管理作为国家治理体系和治理能力现代化的重要组成部分，强调要健全公共安全体制机制。完善和落实安全生产责任和管理制度，建立公共安全隐患排查和安全预防控制体系。构建统一指挥、专常兼备、反应灵敏、上下联动的应急管理体制，优化国家应急管理能力体系建设，提高防灾减灾救灾能力。2019 年 11 月，中共中央政治局就我国应急管理体系和能力建设进行了集体学习，强调应急管理是国家治理体系和治理能力的重要组成部分，承担防范化解重大安全风险、及时应对处置各类灾害事故的重要职责，担负保护人民群众生命财产安全和维护社会稳定的重要使命。要发挥我国应急管理体系的特色和优势，借鉴国外应急管理有益做法，积极推进我国应急管理体系和能力现代化。

当前，我国安全生产形势持续稳定好转，特别是党的十八大以来，安全生产事业迈入新的历史发展阶段，实现了事故总量、较大事故和重特大事故等主要指标持续下降，安全生产整体水平明显提升。生产安全事故连续 16 年、较大事故连续 14 年、重大事故连续 8 年实现起数和死亡人数"双下降"。重特大事故起数由 2001 年的 140 起下降为 2019 年 18 起。我国已基本形成了中国特色安全生产体系，累计颁布实施了《突发事件应对法》《安全生产法》等 70 多部法律法规；党中央、国务院印发了《关于推进安全生产领域改革发展的意见》《关于推进防灾减灾救灾体制机制改革的意见》；制定了 550 余万件应急预案；形成了应对特别重大灾害"1 个响应总册＋15 个分灾种手册＋7 个保障机制"的应急工作体系，探索形成了"扁平化"组织指挥体系、防范救援救灾"一体化"运作体系。近年来我国安全生产工作主要体现在：①强化安全生产领导责任，形成齐抓共管新格局；②制定出台了新《安全生产法》，依法严厉打击非法违法行为，严肃事故查处和责任追究；③实施分类指导、重点监管，促进企业主体责任落实；④狠抓治本攻坚，扎实开展重点行业领域安全专项整治，按照"全覆盖、零容忍、严执法、重实效"的总要求，深入开展全国安全生产大检查和隐患整治攻坚战；⑤深化改革，创新安全监管机制，制定了《安全生产中长期改革实施规划（2014—2020 年）》；⑥加强基础建设，提高安全保障能力。坚持抓预防、重治本，狠抓基础基层工作，逐步夯实安全生产根基等。

当前我国仍处于新型工业化、城镇化持续推进的过程中，安全生产工作虽然取得了一定成效，但还面临许多挑战，形势依然严峻，事故总量仍然较大，重特大事故时有发生。比如，2015 年发生天津港重特大火灾爆炸事故和长江"东方之星号"沉船重特大事故，2018 年贵州省盘州市梓木戛煤矿发生煤与瓦斯突出事故造成 13 人死亡，2019 年江苏天嘉宜化工有限公司引发的"3·21"响水爆炸事故造成 78 人遇难等。这些事故表明，安全生产工作的长期性、复杂性和反复性依然突出，主要原因包括：一是经济社会发展、城乡和区域发展不平衡，安全监管体制机制不完善，全社会安全意识、法治意识不强等深层次问题没有得到根本解决；二是生产经营规模不断扩大，矿山、化工等高危行业比重大，落后工艺、技术、装备和产能大量存在，各类事故隐患和安全风险交织叠加，安全生产基础依然薄弱；三是城市规模日益扩大，结构日趋复杂，城市建设、轨道交通、油气输送管道、危旧房屋、玻璃幕墙、电梯设备以及人员密集场所等安全风险突出，城市安全管理难度增大；四是传统和新型生产经营方式并存，新工艺、新装备、新材料、新技术广泛应用，新业态大量涌现，增加了事故成因的数量，复合型事故有所增多，重特大事故由传统高危行业领域向其他行业领域蔓延；五是安全监管监察能力与经济社会发展不相适应，企业主体责任不落实、监管环节有漏洞、法律法规不健全、执法监督不到位等问题依然突出，安全监管执法的规范化、权威性亟待增强等。

1.1.2 研究目的

从研究背景中我们已经看到，我国安全生产形势依然严峻，不仅对国民经济各行业有着较大的影响，而且关系到了党的执政能力、国家治理水平和社会主义和谐社会建设。因此，必须高度重视和大力加强安全生产工作。在安全生产工作的理论和实践中，可以将安全分为职业安全与公共安全两类，二者共同构成了国家安全治理体系。一般而言，职业安全主要关注企业（生产经营单位）内的安全和健康问题，属企业管理范畴；而公共安全主要关注政府为社会和公民提供的公共安全和健康产品或服务，属公共管理范畴。

关注职业安全与公共安全的区别、联系、边界和转换问题，是为了明确安全主体、识别安全客体、厘清安全生产工作的责任、权利和义务，政府和企业共同努力，通过行政的（看得见的手）和市场的（看不见的手）手段，深入贯彻落实安全法律法规，切实增加安全投入，全面提升企业（特别是高危行业企业）的职业安全管理绩效和安全生产水平，提升国家安全治理能力和社会管理水平，实现社会安全福祉（效用）最大化，为实施安全发展战略、构建安全保障型社会、实现社会安全稳定服务。

1.1.3 研究意义

第一，职业安全与公共安全体系建设是实施安全发展战略、构建安全保障型社会、提升我国安全治理能力和社会管理水平的重要内容，具有一定的战略前瞻性。

第二，职业安全与公共安全的边界和转换问题深刻地触及了在安全生产领域如何理顺和界定政府和市场、政府和企业之间的关系，高度契合十八届三中全会的主题，契合我国政府改革方向和社会发展趋势，因而具有一定的政策先导性。

第三，职业安全与公共安全的边界和转换问题涉及企业管理学、公共管理学、制度经济学、法学等学科的前沿问题，具有较强的理论价值。

第四，职业安全与公共安全问题符合政府、社会、企业和人民群众对生命财产安全的现实需求，也因而具有较强的现实意义。

1.2 国内外研究现状

1.2.1 对职业安全和职业安全健康管理的研究

对职业安全和职业安全健康管理的研究主要集中在职业健康安全管理体系、职业健康风险评价等方面。

1.2.1.1 职业健康安全管理体系的发展

20 世纪 80 年代后期，国际上兴起了职业健康安全管理体系，随着国际一体化进程的加速进行，与生产过程密切相关的职业健康安全问题日益受到国际社会的关注和重视。1999 年 4 月，英国标准协会发布了 OHSAS18001，即职业健康安全管理体系标准。该标准主要特点是：以风险评估为核心，建立管理体系来进行职业健康绩效控制，采用"策划—实施—检查—改进（PDCA）循环"，以及预防为主、持续改进、动态管理的管理思想，这种方式称为"过程方法"。

我国在 2001 年发布了《职业健康安全管理体系规范》（GB/T 28001—2001），该规范首次提出了我国对职业健康安全管理体系的要求，并于 2011 年发布了《职业健康安全管理体系要求》和《职业健康安全管理体系指南》。

1.2.1.2 职业健康风险评价的研究

职业健康风险评价是利用定性、定量的风险评估方法，估计管理系统中职业健康安全风险的大小、等级，并根据评估结果制定风险控制的行动计划，应用于项目的管理过程中。风险评价的作用是确定和调整职业健康安全管理体系过程中的不协调因素。降低风险的途径可以是减少风险发生的可能性及减少风险可能带来后果的严重性，而针对这些风险的评估方法开发显得尤为重要。国内外对职业健康安全风险的研究主要包括两大类：一类是从物料、工艺、系统的安全性及危害性角度阐述的安全风险；另一类是针对职业危害因素导致作业人员患职业病角度阐述的健康风险。

针对引发职业病的健康风险，目前普遍采用美国国家环境保护局的健康风险"四阶段法",包括:风险辨识、暴露评价、剂量-反应评价和风险表征。我国研究人员基于此方法在有毒气体职业急性中毒事故风险、化学物暴露危害分级技术、化学物慢性致癌定量风险分析技术等方面形成了一些重要研究成果,并将这些风险技术方法应用于建设项目的职业病危害评价中。

1.2.2 对公共安全和政府公共安全管理(安全监管)的研究

早期西方学者对公共安全的研究主要集中在自然灾害方面,随着现代城市文明的发展,一些人为安全事件如古巴导弹危机、水门事件等的不断出现,西方学术界对公共安全的研究出现了一次高潮,他们开始关注除天灾之外的人祸引发的公共安全问题。西方许多国家如新西兰、美国等都陆续通过了有关公共安全管理的法案,并成立了相关组织法案,成立了相关组织。新西兰在 1965 年制定了《重大灾难中政府的行动》的预案,最早确定了由政府承担在重大灾难中的管理责任。1979 年,时任美国总统卡特发布行政命令,正式组建联邦应急管理署(FEMA),标志着美国具有专职机构、专职人员、从事专门公共安全管理的新行业的诞生。其他国家纷纷效仿,越来越多的专家学者开始研究公共安全管理的基本理论和方法。由此,公共安全管理渐渐发展成一门学科,对公共安全管理中政府责任的研究也日益引起重视。目前,许多发达国家政府都建立了比较完备的公共安全管理体系来履行政府责任。比如日本的公共安全侧重于对自然灾害的防治和预防,美国侧重于维护其世界大国的地位,俄罗斯倾向于事故救援和技术性灾害的研究,法国则侧重于对城市功能的调整和公共政策的制定。

我国也不例外,2003 年非典疫情爆发和流行,重特大安全生产事故频发,群体性事件日益增多,也引起了政府和学术界的关注。2003年《突发公共卫生事件应急条例》,明确规定了地方政府及其有关部门应对突发事件不力的法律责任。2006 年,我国为提高政府保障公共安全和处置突发公共事件的能力,又颁布了《国家突发公共事件总体应急预案》,从组织体系、运行机制、应急保障和监督管理等方面都做出了相关规定。赵成根(2007)认为,人为传统的单灾种、部门型的危机管理体制已经不能满足政府进行公安安全管理的需要,应倡导各大城市努力实现政府和社会公共部门和私人部门之间的良好合作,实现普通公民、社会组织、工商企业组织在危机管理中的高度参与,构建全社会型危机管理系统。薛澜、张强（2003）比较系统地总结了美国"9·11"事件发生后全球危机形态的变迁，并通过理论研究和案例分析，详尽探讨了转型期我国危机形态的根源及特征，从时间序列、组织行为和决策过程等不同的角度勾勒了现代危机管理体系构建的基本框架，提供了非常规决策治理的整体战略设计和制度安排。王德迅（2009）指出，首长负责制的中枢指挥系统是公共安全管理的核心，完备的法律规划和计划是保障，媒体地积极介入是关键，民众提高危机意识是基础。认为公共安全管理中政府应当承担统一指挥，立法保障，积极引导教育媒体及民众的责任。黄顺康（2010）提出在公共安全危机管理中，政府不应承担所有责任，应由企业和其他组织在危机管理中承担相应的责任，明确了政府责任的层次和范围。滕五晓（2005）指出政府对公共按管理应有决策预案，强化公共安全管理责任，发挥政府统筹使用资源救灾抗灾的有效性，并要加强公民防灾教育和抗灾训练，建立有效的应急机制。张勇（2011）指出，政府责任研究的实践基础是政府主导型的改革模式逐步深入，社会转型与社会问题凸显，社会与民众需求的力量不断增大。近几年群众维权事件日益增多，很多问题都指向政府责任的履行与实现，要求政府必须承担起应当承担的责任。曾娅丹（2007）认为我国公共安全管理目前仍处于政府各部门各自为战的状态，没有有效地整合资源，从法律法规、管理体系、执法监管和公共安全投入等方面都存在着漏洞与不足，同时提出了一些针对性地建议，强调政府与企业、民间组织、民众的配合管理，形成互动互补。范维澄（2011）指出，公共安全包括四类问题：一是自然灾害，如地震、台风、滑坡、泥石流、森林火灾等；二是事故灾难、环境生态的灾难、安全生产在各个领域的事故；三是公共卫生事件，包括食品安全、群体不明原因的疾病，包括和人类密切相关的动物的一些疾病，像疯牛病、禽流感等；四是社会安全事件，既包括了刑事案件、恐怖袭击，也包括大规模的群体事件和经济安全事件。我国公共安全科学界提出了公共安全体系的三角形模型，三个边分别是突发事件、承载载体和应急管理。翁翼飞等（2012）从公共管理视角系统解析了安全监管的概念、框架、主体、责任和政策体系。

1.2.3 对企业安全管理的研究

1.2.3.1 企业安全管理理论研究

安全生产问题是伴随着生产和技术的发展而发展的，安全管理的理念也伴随着人们对安全生产的理解的不同而逐渐变化。

一是从企业安全活动的角度阐发的理论。早在 100 多年前，著名管理学家亨利·法约尔（Henri Fayol）在其名著《工业管理和一般管理》(*Industrial and General Management*)(1925)中就把安全活动作为企业的 6 项活动之一，即技术活动、商业活动（销售、贸易）、财务活动（资金募集与投放）、安全活动、会计活动、管理活动。拉尔斯·哈姆斯-林达尔（Lars Harms－Ringdahl，2004）认为，针对不同类型企业，对安全管理的理解不应该相同，提出了两类安全管理的理念：一种简单地说明了安全管理的功能，适用于普通中小企业；另一种强调了对安全生产的系统管理，适用于大型高危险性企业。

二是从事故风险管理的角度阐发的理论。海因里希（W. H. Heinrich，1980）较早地从"不安全行为的原因"方面提出安全管理的理念。丹麦标准协会（2003）认为安全管理是管理危险的方法。这种视角把安全管理等同于事故管理和风险管理。

三是从企业经营管理角度阐发的理论。把安全管理视为企业管理的一个组成部分。米希森（N. Mitchison，1997）认为安全管理是决定和实施安全政策的全部管理功能，包括活动、主观行为、计划等的整个过程。袁昌明（1998）认为安全管理是研究人、物、环境三者之间的协调性。陈宝智（1999）认为，安全管理是为实现安全生产而组织和使用人力、物力和财力等各种物质资源的过程；安全管理既强调安全管理具有企业管理的全部功能，又强调安全管理对象的特点，比较全面地反映了安全管理的内涵与特征。

四是从系统管理角度阐发的理论。随着现代工业生产规模的扩大，企业生产中蕴涵的风险越来越大。由此，对生产过程实施系统监控的要求日益强烈，系统安全管理的理念开始成为这些类型企业安全管理的主流。陈宝智（1999）提出了以人为中心的安全管理和通过系统方式实施安全管理的思想；罗云（2004）认为，安全管理已经由近代的事故管理，发展为现代的隐患管理，提出了现代安全管理的理论，分析了现代安全管理的主要特征。系统安全管理把安全管理视为对"员工""设备""环境""制度"构成的安全系统的管理，以协调的观点来看待安全管理过程。

1.2.3.2　企业安全生产管理效能或绩效研究

安全生产管理的最终目的是实现企业安全系统的高效运转，以减少作为被管理对象的企业安全生产体系的事故损失。司迪恩（J. V. Steen，1996）认为，安全绩效的持续改进可以扩展安全系统的积极输出，减少消极输出，使安全管理系统能够在效能（effectiveness）、效率（efficiency）方面得到持续改善，该项研究提出以评估作为提升企业安全管理水平的重点手段，通过安全管理的评估来识别安全管理的现状和未来发展趋势。这种观点为改进企业安全管理绩效提供了指导，奠定了企业安全管理能力研究的起点。

经济合作与发展组织（OECD，2003）提出了安全管理绩效指标，指出"安全管理系统应当从安全政策出发提供结构化的方法以达到企业良好的安全绩效"，并提出衡量安全管理绩效时应同时使用"行为指标"（activities indicators）和"结果指标"（outcome indicators）。

1.2.3.3 组织错误相关研究

由于安全管理效能的相关研究存在一些不足，近年来一些学者开始从安全管理效能的相反方面开展研究，通过对"不安全因素"的研究去反映企业安全管理水平，即由不安全的角度去研究安全问题。20世纪90年代，英国曼彻斯特大学瑞森（J. Reason，1995）把人误的研究引向"组织错误"，提出了管理失效（失灵）的概念，认为事故的直接原因只是事故的触发器，并建立了纵深防御下的事故模型。李永娟（2002）把组织错误理解为"个体在行为或决策时由于知识经验的缺乏而出现的失误没有及时发现、控制，因而转化成的制度、规则、程序、政策、战略决策的缺陷或错误"。从"组织错误"探讨企业安全管理的缺陷是当前安全管理研究的突破口。

1.2.3.4 企业安全管理研究的新发展

当前企业安全管理方式也面临着变革，企业安全管理的相关研究不再仅仅关注安全管理效能或组织错误，而是走向融合；组织学习成为提高安全系统效能或减少组织失误的重要工具和手段。

目前，国外安全管理研究的新发展包括：安全管理战略性研究、安全氛围评价研究、安全文化、培训干预管理、经济决策度量指标等方面。

总之，通过文献综述可以看出，国内外对企业安全管理、职业安全健康管理和政府公共安全管理有了比较系统的理论研究和实践，但是对安全生产领域政府和市场的关系、政府和企业的关系并没有明确的研究和论述，尤其对职业安全与公共安全的区别、边界界定、相互转换机理及条件等问题还没有涉及。本书的研究正好填补了这方面的空白，能够产生一定的理论创新和实践指导作用，尤其是对转型期的中国更具深刻意义。

1.3 研究的主要问题

本书拟解决以下主要问题：

（1）明晰职业安全与公共安全的内涵，从行为主体、客体、产品属性等方面界定二者之间的区别和联系；并从管理学的角度，界定职业安全管理和公共安全管理的区别与联系。

（2）从经济学、管理学和安全科学的角度，探讨职业安全与公共安全是否存在边界，从而进一步研究安全生产领域政府和市场的关系、政府和企业的关系。

（3）探讨职业安全与公共安全之间是否可以转换？如可以，转换是单向的还是双向的？转换的目的、类型、时机、驱动力和途径是什么？

（4）如果职业安全与公共安全之间的转换是科学、合理、有利的，那么有哪些推动力和保障因素？

1.4 研究思路、研究方法和技术路线

1.4.1 研究思路

本书的研究思路是：首先界定研究的问题，即职业安全、公共安全的边界及转换机理；并从安全科学、公共管理学、工商（企业）管理学、新制度经济学、系统工程学等学科寻找理论基础（这也是交叉研究的过程）；而后，从基本内涵、主体、客体、属性等方面厘清职业安全、公共安全的区别与联系；之后，切入研究的主要问题——职业安全、公共安全的边界，是否存在边界？边界在哪里？进而，更加深入地研究职业安全、公共安全之间是否能够跨越边界、进行相互转换，转换的机理和途径是什么？最后，探讨如何对实现职业安全和公共安全分别进行保障，以及对科学的、有利的、能够实现帕累托改善的转换进行保障。

1.4.2 研究方法

1.4.2.1 规范分析法

从安全学、管理学、经济学理论出发，研究职业安全、公共安全及

其相关问题的要素、条件、主体、客体和规律。

1.4.2.2 实证分析法

以我国政府安全生产监督管理以及企业（特别是高危行业企业）安全管理的具体实践为对象，研究在社会主义市场经济条件下安全生产领域政府改革、政府职能转变、政府与市场的关系、政府与企业的关系等现实问题，从而为实施安全发展战略、构建安全保障型社会、遏制重特大事故发生、保护人民群众生命财产安全、提高国家安全治理能力提供政策建议。

1.4.2.3 调查研究法

包括政策研究、案例分析、查阅图书期刊、利用互联网搜集资料等方法摸清我国安全生产形势、制度架构和政策体系，以及职业安全、公共安全管理的现状。并且掌握国外安全监管体制、企业安全管理、职业安全健康体系、公共安全管理等方面的资料，以及高危行业安全管理的相关理论和实践经验。

1.4.2.4 博弈分析法

在对职业安全与公共安全之间的转换进行研究时，基于有限理性假设，采用博弈论方法，分析政府、企业、社会组织的心理和行为规律。

1.4.2.5 比较研究法

比较政府和企业对安全生产承担的不同责任，比较职业安全和公共安全的区别和联系，比较行政（看得见的手）和市场（看不见的手）两种对安全生产活动的管理手段，比较企业管理（B途径）和公共管理（P途径）两种安全管理途径。

1.4.2.6 数学建模法

从成本和效益、生产和消费、供给与需求的角度，以新古典经济学（尤其是边际经济学）、新制度经济学为工具，建立数学模型，用数学语言分析和描述职业安全和公共安全的边界，并通过相互转换来实现社会安全福祉（效用）最大化。

1.4.3 技术路线

本书的技术路线如图1.1所示。究其实质，是系统研究方法，首先界定研究范畴和主题（即职业安全与公共安全的边界和转换问题），而后用现有的理论（管理学、经济学、安全学）进行研究，并进行数学模型分析证明其科学性，之后从组成要素、结构、功能和运作机制等方面进行系统分析，最后分析系统成功运行（边界界定和相互转换）的保障因素。

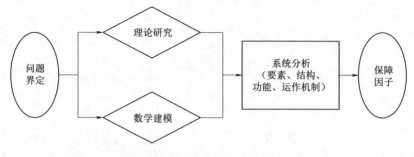

图 1.1　本书的技术路线

1.5　主要内容及结构

本书的主要内容是围绕"职业安全、公共安全的边界及转换机理"这个主题展开的，具体包括下述方面：

（1）从安全科学、公共管理学、工商（企业）管理学、新制度经济学、系统工程学等方面，寻找职业安全、公共安全问题的理论来源与基础。

（2）从基本内涵、主体、客体、产品属性和管理等方面厘清职业安全、公共安全的区别与联系。

（3）从政府与企业的主体责任、产权和成本等角度，界定职业安全、公共安全的边界，并用数学模型进行表述。其中重点用新制度经济学的研究方法，结合科斯三定理，研究与安全相关的社会资源的产权主体及其边界和相关的交易费用；用边际经济学的方法研究成本边界。

（4）从理论前提、现实需求等方面研究职业安全、公共安全之间的转换机理及条件，指出转换的目的、类型、时机、驱动力和途径，并提出边际安全替代率、边际安全转换率的概念，以及社会安全无差异曲线、安全可能性边界等图形表述，并进行数学表述和模型分析，求出社会安全福祉（效用）最大化的状态解。

（5）研究职业安全、公共安全以及二者之间相互转换的保障机制。

本书的结构如图 1.2 所示。

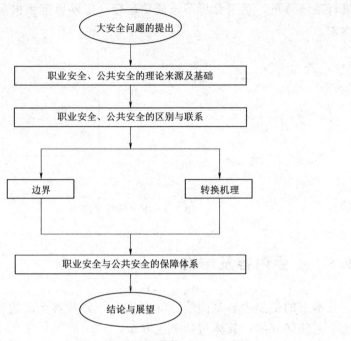

图 1.2　本书的结构

第 2 章

职业安全、公共安全的理论
来源及基础

职业安全、公共安全的理论来源包括总体国家安全观、安全发展观、安全科学、公共管理学、工商（企业）管理学、新制度经济学与系统工程学。总体国家安全观是分析和解决职业安全、公共安全问题并迈向大安全的总开关和根本遵循；安全发展观是职业安全、公共安全问题的思想基础；安全科学是本书所研究问题的母学科；公共管理学是公共安全管理的理论基础；工商（企业）管理学是职业安全管理的理论基础；新制度经济学引领了职业安全、公共安全的制度安排与边界界定；系统工程学尤其是安全系统工程理论指导了职业安全和公共安全的要素、属性、对立统一规律、转换机理及条件研究。

2.1 总体国家安全观

2.1.1 总体国家安全观的提出

2014 年 4 月 15 日，中央国家安全委员会第一次会议强调，坚持总体国家安全观，走出一条中国特色国家安全道路。会议首次提出总体国家安全观，并首次系统提出 11 种安全。会议指出，增强忧患意识，做到居安思危，是治党治国必须始终坚持的一个重大原则。党要巩固执政地位，要团结带领人民坚持和发展中国特色社会主义，保证国家安全是头等大事。当前我国国家安全内涵和外延比历史上任何时候都要丰富，时空领域比历史上任何时候都要宽广，内外因素比历史上任何时候都要复杂，必须坚持总体国家安全观。贯彻落实总体国家安全观，必须既重视外部安全，又重视内部安全，对内求发展、求变革、求稳定、建设平安中国，对外求和平、求合作、求共赢、建设和谐世界；既重视国土安全，又重视国民安全，坚持以民为本、以人为本，坚持国家安全一切为了人民、一切依靠人民，真正夯实国家安全的群众基础；既重视传统安全，又重视非传统安全，构建集政治安全、国土安全、军事安全、经济安全、文化安全、社会安全、科技安全、信息安全、生态安全、资源安全、核安全等于一体的国家安全体系；既重视发展问题，又重视安全问题，发展是安全的基础，安全是发展的条件，富国才能强兵，强兵才能卫国；既重视自身安全，又重视共同安全，打造命运共同体，推动各方朝着互利互惠、共同安全的目标相向而行。

2.1.2 十九大对总体国家安全观的坚持和强化

党的十九大把坚持总体国家安全观作为新时代坚持和发展中国特色社会主义的基本方略之一，纳入习近平新时代中国特色社会主义思想。2017 年 10 月 18 日，十九大报告强调，统筹发展和安全，增强忧患意识，做到居安思危，是我们党治国理政的一个重大原则。明确要求必须坚持国家利益至上，以人民安全为宗旨，以政治安全为根本，统筹外部安全和内部安全、国土安全和国民安全、传统安全和非传统安全、自身安全和共同安全，完善国家安全制度体系，加强国家安全能力建设，坚决维护国家主权、安全、发展利益。

2.1.3 坚持底线思维着力防范化解重大风险

2019 年 1 月 21 日，省部级主要领导干部坚持底线思维着力防范化解重大风险专题研讨班开班。研讨班指出，坚持以新时代中国特色社会主义思想为指导，全面贯彻落实党的十九大和十九届二中、三中全会精神，深刻认识和准确把握外部环境的深刻变化和我国改革发展稳定面临的新情况新问题新挑战，坚持底线思维，增强忧患意识，提高防控能力，着力防范化解重大风险，保持经济持续健康发展和社会大局稳定，为决胜全面建成小康社会、夺取新时代中国特色社会主义伟大胜利、实现中华民族伟大复兴的中国梦提供坚强保障。必须始终保持高度警惕，既要高度警惕"黑天鹅"事件，也要防范"灰犀牛"事件；既要有防范风险的先手，也要有应对和化解风险挑战的高招；既要打好防范和抵御风险的有准备之战，也要打好化险为夷、转危为机的战略主动战。

2.1.4　将安全与应急纳入国家治理体系和治理能力现代化范畴

2019 年 10 月 28 日至 31 日，十九届四中全会审议通过的《中共中央关于坚持和完善中国特色社会主义制度、推进国家治理体系和治理能力现代化若干重大问题的决定》强调，完善和落实安全生产责任和管理制度，建立公共安全隐患排查和安全预防控制体系。构建统一指挥、专常兼备、反应灵敏、上下联动的应急管理体制，优化国家应急管理能力体系建设，提高防灾减灾救灾能力。加强和改进食品药品安全监管制度，保障人民身体健康和生命安全。严格市场监管、质量监管、安全监管，加强违法惩戒。完善公共服务体系，推进基本公共服务均等化、可及性。坚持总体国家安全观，统筹发展和安全，坚持人民安全、政治安全、国家利益至上有机统一。以人民安全为宗旨，以政治安全为根本，以经济安全为基础，以军事、科技、文化、社会安全为保障，健全国家安全体系，增强国家安全能力。完善集中统一、高效权威的国家安全领导体制，健全国家安全法律制度体系。加强国家安全人民防线建设，增强全民国家安全意识，建立健全国家安全风险研判、防控协同、防范化解机制。提高防范抵御国家安全风险能力，高度警惕、坚决防范和严厉打击敌对势力渗透、破坏、颠覆、分裂活动。会议将包含安全生产、应急管理在内的"大安全"上升到实现国家治理体系和治理能力现代化的高度倍加重视。

2.2　安全发展观

重视保护人的生命安全和职业健康，致力于改善生产安全、生活安全、公共安全和劳动保护条件，走"安全发展"之路，反映了人类社会的共同价值观和社会文明进步的总体趋势，是经济社会发展战略的必然选择。把安全发展作为一个重要理念纳入我国社会主义现代化建设的总体战略是对科学发展观认识的全面和深化，对于落实科学发展观，构建社会主义和谐社会，意义深远而重大。

2.2.1 安全发展的内涵

作为科学发展观理论体系的组成部分，安全发展与节约发展、清洁发展以及可持续发展一起，系统地反映了我国政府关于资源、环境、安全等方面的基本政策，回答和解决了经济社会发展应当遵循的方针原则、方法途径、基本政策、目标任务等重大战略问题。安全发展与人口战略、资源战略、环境战略一样，是我们国家的一项基本国策。

2.2.1.1 安全发展的基本要求

安全发展是指经济发展和社会进步必须以安全作为前提和保障。把发展建立在社会安全保障能力不断增强、安全生产状况持续改善、人民群众生命财产安全和身心健康得到切实保证的基础上，促进职业安全、公共安全等与经济社会发展各项工作同步规划、同步部署、同步推进。坚持安全发展，要把保护人民群众的生命健康真正摆到经济社会发展的重要战略高度，保证安全建设水平与经济建设、社会进步水平相适应。在经济社会发展和生产、生活中，要体现本质安全、全员安全、全过程安全的要求。安全发展是包括职业安全、公共安全、产业安全、信息安全、社会安全稳定及减灾防灾等相关的各类经济和社会安全工作的指针，要求安全工作各领域都要与社会经济同步发展，切实保障国家的长治久安。虽然安全发展涉及的范围非常广泛，内涵非常丰富，但加强安全生产工作，保障人民群众的生命财产安全，始终是安全发展的核心内容和基本任务。

2.2.1.2 安全发展的核心是以人为本

"以人为本"就是以人的生命为本，把人的生命和健康摆在重要位置上。我国是社会主义国家，我们的发展不能以牺牲精神文明为代价，不能以牺牲生态环境为代价，更不能以牺牲人的生命为代价。"一个最宝贵""三个不能"，突出了安全发展的核心是以人为本，以人的生命为本，保障人民群众生命财产安全和身心健康是中国特色社会主义建设事业的前提和基础。尊重人的生命权益是安全发展的本质特征，依靠人民群众的力量搞好安全生产是安全发展的前提，关爱人的生命和健康是安全发展的出发点，提高从业人员的安全保障水平和安全权益意识是安全发展的途径，保护人民免受职业危害、平安地享有改革发展所带来的成果是安全发展的最终目的。

2.2.1.3　安全发展是构建社会主义和谐社会的基本内容

安全发展需要和谐的社会大环境，需要健全的法律法规和完善的法治秩序；需要保障劳动者的安全权益，维护社会公平和正义；需要建立安全诚信机制，营造"尊重生命、关注安全"的社会氛围。构建社会主义和谐社会要协调社会关系，优化社会秩序，美化社会环境，激发社会活力，处置社会矛盾，提供社会保障，应对各种挑战，防范各种风险，这一切都离不开安全发展。只有根本改善社会安全状况，才能实现国家稳步发展、人民安居乐业、社会和谐稳定；只有生命安全得到切实保障，才能调动和激发人们的创造活力与生活热情；只有使重特大事故得到遏制，大幅减少事故造成的创伤和震荡，社会才能安定有序；只有顺应客观规律，讲求科学，有效防范事故，才能实现人与自然和谐相处。

2.2.2　安全发展观指导下的安全生产理论体系

以"安全发展"为核心的安全生产理论体系可概括为下述五个要点：

（1）坚持"安全发展"的科学理念和指导原则。安全生产是社会生产力发展水平的综合反映，是经济发展、社会进步的基础、前提和保障，是构建和谐社会的重要内容，必须纳入社会主义现代化建设的总体战略，安全生产要与经济社会发展同步规划、同步部署、同步推进。

（2）坚持"安全第一、预防为主、综合治理"的方针。安全生产必须综合运用法律、经济、科技和行政手段，标本兼治、重在治本，推动要素到位，建立长效机制。

（3）建立以"两个主体"和"两个负责制"为内容的安全工作基本责任制度。企业是安全生产责任主体、政府是安全生产监管主体。实行企业法定代表人负责制、政府行政首长负责制。要层层落实到基层，落实到岗位，建立健全安全生产控制指标体系，纳入政绩和业绩考核。

（4）坚持依法治安、重典治乱的安全法制建设方略。要建立安全生产规范完善的法制秩序。依法严肃追究事故责任，要查处事故背后的失职渎职、官商勾结、权钱交易。严厉打击非法违法、违规违章现象，用重典来治理安全生产的混乱状况。

（5）倡导先进安全文化，建立安全生产全社会参与监督机制。要调动全社会的积极性，提高全社会的安全意识和全民的安全素质，形成广泛的参与和监督机制。安全生产的重大决策、重点工作、事故处理的结果要向社会公布，要让人民群众知道，安全生产要接受来自各方面的监督，使违法违纪的行为没有藏身之处。

2.2.3 安全发展观对安全生产工作的要求

要求主要包括：理顺安全生产监管体系；健全安全生产法律法规；落实安全生产主体责任；完善安全生产投入机制；提高广大群众安全素质；实施安全人才队伍建设与科技兴安战略；强化安全生产责任制度；加强安全文化建设；大力发展安全产业等。

2.3 安全科学

安全科学（safety science）是人类生产、生活、生存过程中，避免和控制人为或自然因素所带来的危险、危害、意外事故和灾害的科学。以技术风险作为研究对象，通过事故与灾害的避免、控制和减轻损害及损失，达到人类生产、生活和生存的安全。

安全科学是一门新兴的、边缘科学，涉及社会科学和自然科学的多门学科，涉及人类生产和生活的各个方面。从学科角度上看安全科学技术的研究的主要包括：①安全科学技术的基础理论，如灾变理论、灾害物理学、灾害化学、安全数学等；②安全科学技术的应用理论，如安全系统工程、安全人机工程、安全心理学、安全经济学、安全管理学、安全法学等；③安全专业技术，包括安全工程、防火防爆工程、电气安全工程、交通安全工程、职业卫生工程（除尘、防毒、个体防护等）、安全管理工程等。

安全科学不仅是一种重要的不可或缺的生产力，而且还是生产和社会发展的一种动力和基本保障条件。工业事故与灾难对人类的安全健康造成重大损害，产生不可忽视的社会影响。主要表现在：①由于工业生产事故和其他职业危害问题所产生的劳动争议增多，而且矛盾易于尖锐。尤其是我国实现了小康生活水平后，人们对生产和生活中的安全需要不断增强。对危及人身安全和健康的恶劣劳动条件，处理不当就会影响社会安定。②人们把安全、卫生、舒适的劳动条件作为职业选择的重要标准，在重大事故多发行业，将会由于招不到高素质的职工而使生产发展受到严重影响，进而影响产业的平衡、持续和发展。③工业事故和灾难不仅造成巨大的经济损失和生态环境破坏，形成社会不安定因素，而且也造成人们心理上难以承受的负担。

中国事故和职业病状况严重的根本原因在于安全科学技术水平落后，安全管理和工程技术装备不能满足安全生产发展的需要。安全生产关系着企业的兴衰，关系着人民的安危幸福，是关系国计民生的大事。因此，必须确保安全科学技术与国家经济建设同步规划，同步发展。同时，安全科学技术是安全生产的基础和保障。安全科学揭示了安全的本质和规律，通过安全工程技术保护生产力，推动安全文明生产。安全科学技术的发展与国民经济和社会发展是统一的。事实证明，安全科学技术已不仅影响生产力的发展，影响劳动生产率的提高，还影响国民经济的增长。安全科学技术横跨自然科学和社会科学领域，只有深刻认识安全的本质及其变化规律，用安全科学的理论指导人们的劳动与生产实践活动，才能保护劳动者与社会大众的安全与健康，发展生产，增长经济，创造物质和精神文明，推动社会进步。

2.4　公共管理学与公共安全管理

公共管理是公共组织的一种职能，包括以政府为主导的公共组织和以公共利益为指向的非政府组织为实现公共利益，为社会提供公共产品和服务的活动。公共管理学是研究以政府为核心的公共部门整合社会的各种力量，广泛运用政治、经济和法律的方法，强化政府的治理能力，提升政府绩效和公共服务品质，从而实现公共福利与公共利益的科学。

公共管理强调政府对社会治理的主要责任；强调政府、企业、公民社会的互动以及在处理社会及经济问题中的责任共担；强调多元价值；强调政府绩效的重要性；既重视法律、制度，更关注管理战略和管理方法；公共管理以公共福利和公共利益为目标；公共管理将公共行政视为一种职业，而公共管理者视为职业的实践者。公共管理的目的是实现公共利益。所谓公共利益是为社会成员共享的资源与条件。公共利益的实现主要表现为公共物品的提供与服务。公共物品的涵义非常广泛，既可指有形的物品，如公共场所、公共设施、公共道路交通，也可指无形的产品和服务，如社会治安、社会保障、教育、医疗、安全生产等。安全生产是安全监管的内容和指向，是公共管理的重要领域，是公共利益的重要方面，是政府执政能力的重要体现，因此，良好的安全生产形势是公共管理的重要目的。

公共管理的主体主要是政府，还可能包括一些其他非政府组织等公共管理主体。公共管理的客体是社会公共事务，即公共资源、公共项目、社会问题等。安全监管本质上就是一种公共管理，主要是政府对企业的安全生产行为进行监督、规制和管理，为全社会和人民提供"安全"这种准公共品，可称之为 P 途径。

社会管理是公共管理的重要领域。加强和创新社会管理的根本目的是维护社会秩序、促进社会和谐、保障人民安居乐业，为国家事业发展营造良好社会环境。社会管理的基本任务包括协调社会关系、规范社会行为、解决社会问题、化解社会矛盾、促进社会公正、应对社会风险、保持社会稳定等方面。做好社会管理工作，促进社会和谐，是全面建设小康社会、坚持和发展中国特色社会主义的基本条件。国家始终高度重视社会管理，为形成和发展适应我国国情的社会管理制度进行了长期探索和实践，取得了重大成绩，积累了宝贵经验。当前我国既处于发展的重要战略机遇期，又处于社会矛盾凸显期，社会管理领域存在的问题还不少。社会管理说到底是对人的管理和服务，涉及广大人民群众切身利益，必须始终坚持以人为本、执政为民，不断实现好、维护好、发展好最广大人民根本利益。公共安全管理是社会管理的重要领域和组成部分，是政府安全监管部门对社会安全行为的监督、管理、制约和引导，是在社会主义市场经济体制下，以矫正和改善安全生产领域的"市场失灵"为目的，政府干预企业安全生产活动的行为。需要特别指出的是，公共安全管理包含了政府所有旨在克服安全生产领域市场失灵现象的法律制度、经济政策、行政命令等对安全生产活动进行干预、限制或约束的行为。现阶段，重视公共安全管理工作，构建安全生产长效机制是加强和创新社会管理在安全监管领域的重要体现。因此，由于安全具有较强的公共品属性，公共安全管理是政府对人民履行责任的一项重要职能，是公共管理的重要领域和组成部分。

2.5 工商（企业）管理学与职业安全管理

工商（企业）管理学是研究盈利性组织（企业）的计划、组织、领导和控制活动和规律的科学，由一系列的管理原理、管理职能、管理形式、管理方法和管理制度所组成，目的是通过管理提升企业的效能、效率和效益。现代化的工商企业一般规模较大，管理的内容广泛，管理的层次繁多，生产技术和产品相当复杂，劳动分工日益精细，生产的社会化程度越来越高，市场的需求千变万化。企业生产经营活动不仅涉及政治、经济、科学技术和文化各个领域，而且还涉及部门之间、地区之间、企业之间以及国家、企业和个人之间一系列的经济关系。要管好企业，就必须以管理科学理论作为指导和以实践经验作为借鉴，需要遵循一定的原理、原则，运用一定的职能形式、管理方法和手段，需要建立一定的管理制度作为保证等等。

企业管理学的研究内容涉及面比较广泛，概括起来有两个方面：①研究生产力的合理组织，即研究如何按照生产力发展变化的规律，适应社会需要，把劳动、资金、科技等生产要素有机地结合起来，为社会生产提供适销对路、物美价廉的各种产品及劳务；②研究如何正确处理企业内外各种生产关系，包括企业内部人与人的关系（企业制度），如管理者与工人、工人与技术人员、工人与工人之间的关系，还包括企业与国家、企业与企业的关系等。

企业管理可以分为综合性管理和职能管理。综合性管理包括战略管理和管理伦理，指导企业管理的各个方面；职能管理分为对资源的管理（人力资源管理、财务管理、物资管理、信息管理、品牌管理等）和对过程的管理（生产运作管理、物流管理、营销管理、研发管理等）。

职业安全管理是以职业安全（含安全生产、职业健康和应急救援等）为目的，进行有关决策、计划、组织、领导和控制等方面的活动。在企业管理系统中，有多个具有特定功能的子系统，比如生产子系统、销售子系统、财务子系统、物流子系统、研发子系统等，安全管理也是其中非常重要的一个子系统。尤其是对于煤矿、非煤矿山、化工（危险化学品）、建筑施工、烟花爆竹等事故发生概率较大的高危行业企业来说，安全管理子系统的重要性尤为突出。安全管理和人力资源管理、财务管理、物流管理、生产运作管理、市场营销管理、研发管理、信息管理等一样，是企业管理的重要职能之一，也是企业的主要活动之一。由于企业安全管理主要采用的工商（企业）管理的方法和工具，因此可以称之为 B 途径。

2.6　新制度经济学与安全的产权及边界界定

新制度经济学（new institutional economics）就是用主流经济学的

方法分析制度的经济学。新制度经济学派是在 20 世纪 70 年代凯恩斯经济学对经济现象丧失解释力之后兴起的。一般认为，新制度经济学是由美国经济学家罗纳德·哈里·科斯所开创的。新制度经济学包括如下四个基本理论：

（1）交易费用理论。交易费用是新制度经济学最基本的概念。交易费用思想是科斯在《企业的性质》一文中提出的。科斯认为，交易费用应包括度量、界定和保障产权的费用，发现交易对象和交易价格的费用，讨价还价、订立合同的费用，督促契约条款严格履行的费用等。交易费用的提出，对于新制度经济学具有重要意义。经济学是研究稀缺资源配置的，交易费用理论表明交易活动是稀缺的，市场的不确定性导致交易也是冒风险的，因而交易也有代价，从而也就产生如何配置的问题。资源配置问题就是经济效率问题。所以，一定的制度必须提高经济效率，否则旧的制度将会被新的制度所取代。这样，制度分析才被认为真正纳入了经济学分析之中。

（2）产权理论。产权是一种权利，是一种社会关系，是规定人们相互行为关系的一种规则，并且是社会的基础性规则。产权经济学大师阿门·阿尔奇安认为："产权是一个社会所强制实施的选择一种经济物品的使用的权利。"这揭示了产权的本质是社会关系。在一个人的世界里，产权是不起作用的。只有在相互交往的人类社会中，人们才必须相互尊重产权。产权是一组权利束，是一个复数概念，包括所有权、使用权、收益权、处置权等。当一种交易在市场中发生时，就发生了两束权利的交换。交易中的产权所包含的内容影响物品的交换价值，这是新制度经济学的一个基本观点之一。产权实质上是一套激励与约束机制。影响和激励行为，是产权的一个基本功能。新制度经济学认为，产权安排直接影响资源配置效率，一个社会的经济绩效如何，最终取决于产权安排对个人行为所提供的激励。

（3）企业理论。科斯运用其首创的交易费用分析工具，对企业的性质以及企业与市场并存于现实经济世界这一事实做出了先驱性的解释，将新古典经济学的单一生产制度体系——市场机制，拓展为彼此之间存在替代关系的、包括企业与市场的二重生产制度体系。科斯认为，市场机制是一种配置资源的手段，企业也是一种配置资源的手段，二者是可以相互替代的。在科斯看来，市场机制的运行是有成本的，通过形成一个组织，并允许某个权威（企业家）来支配资源，就能节约某些市场运行成本。交易费用的节省是企业产生、存在以及替代市场机制的唯一动力。而企业与市场的边界在哪里呢？科斯认为，由于企业管理也是有费用的，企业规模不可能无限扩大，其限度在于利用企业方式组织交易的成本等于通过市场交易的成本。

（4）制度变迁理论。制度变迁理论是新制度经济学的一个重要内容。其代表人物道格拉斯·诺斯强调，技术的革新固然为经济增长注入了活力，但人们如果没有制度创新和制度变迁的冲动，并通过一系列制度（包括产权制度、法律制度等）构建把技术创新的成果巩固下来，那么人类社会长期经济增长和社会发展是不可设想的。总之，诺斯认为，在决定一个国家经济增长和社会发展方面，制度具有决定性的作用。制度变迁的原因之一就是相对节约交易费用，即降低制度成本，提高制度效益。所以，制度变迁可以理解为一种收益更高的制度对另一种收益较低的制度的替代过程。产权理论、国家理论和意识形态理论是构成制度变迁理论的三块基石。制度变迁理论涉及制度变迁的原因或制度的起源问题、制度变迁的动力、制度变迁的过程、制度变迁的形式、制度移植、路径依赖等。

同时，科斯三定理也是新制度经济学的基本论断：科斯第一定理——若交易费用为零，无论权利如何界定，都可以通过市场交易达到资源配置的最佳配置；科斯第二定理——在交易费用为正的情况下，不同的权利界定，会带来不同效率的资源配置；科斯第三定理——产权制度的供给是人们进行交易、优化资源配置的基础。

职业安全和公共安全的区别及界定就是一种基于产权的制度安排，谁对与安全生产相关的社会资源有产权，谁就应对安全承担责任、负有义务。而二者之间的转换就是制度变迁，无论通过行政手段赋予还是市场手段交易，安全产品的提供是为了全社会安全福祉的最大化。

2.7　系统工程学与安全系统工程

系统工程学（systems engineering）是一门新兴的综合交叉学科。我国著名学者钱学森指出："系统工程是组织管理系统的规划、研究、设计、制造、试验和使用的科学方法，是一种对所有系统都具有普遍意义的方法。"日本学者三浦武雄认为："系统工程与其他工程学不同之点在于它是跨越许多学科的科学，而且是填补这些学科边界空白的一种边缘学科。因为系统工程的目的是研制一个系统，而系统不仅涉及工程学的领域，还涉及社会、经济和政治等领域，所以为了适当地解决这些领域的问题，除了需要某些纵向技术以外，还要有一种技术从横的方向把它们组织起来，这种横向技术就是系统工程。"美国科学技术辞典的论述为："系统工程是研究复杂系统设计的科学，该系统由许多密切联系的元素所组成。设计该复杂系统时，应有明确的预定功能及目标，并协调各个元素之间及元素和整体之间的有机联系，以使系统能从总体上达到最优目标。在设计系统时，要同时考虑到参与系统活动的人的因素及其作用。"从以上各种论点可以看出，系统工程是以大型复杂系统为研究对象，按一定目的进行设计、开发、管理与控制，以期达到总体效果最优的理论与方法。

系统工程学有以下几个特点：

（1）研究的对象广泛，包括人类社会、生态环境、自然现象和组织管埋等。

（2）系统工程是一门跨学科的边缘学科。不仅要用到数、理、化、生物等自然科学，还要用到社会学、心理学、经济学、医学等与人的思想、行为、能力等有关的学科，是自然科学和社会科学的交叉。因此，系统工程形成了一套处理复杂问题的理论、方法和手段，使人们在处理问题时，有系统的整体的观点。

（3）在处理复杂的大系统时，常采用定性分析和定量计算相结合的方法。因为系统工程所研究的对象往往涉及人，这就涉及人的价值观、行为学、心理学、主观判断和理性推理，因而系统工程所研究的大系统比一般工程系统复杂得多，处理系统工程问题不仅要有科学性，而且要有艺术性和哲理性。

职业安全与公共安全都具有系统性，都可从安全系统工程视角切入，需要用系统工程学尤其是社会系统工程的理论和方法进行研究，找出职业安全和公共安全的要素、属性、对立统一规律和转换机理及条件。

第 3 章

职业安全、公共安全的区别与联系

　　本章在有关预备概念的基础上，阐释了职业安全与公共安全的基本内涵。职业安全是劳动者在作业场所中的安全与健康；公共安全是公民进行正常的社会活动所需的安全、稳定的环境和秩序。职业安全的主体是企业，公共安全主体是政府。职业安全的客体是企业的工作场所即"私"场所存在的安全和健康问题；公共安全的客体包括自然灾害、生产安全事故、公共卫生事件、社会治安事件，即"公"场所的安全和健康问题；职业安全是准公共品，兼有私人品和公共品双重属性；公共安全是公共品。职业安全管理是工商（企业）管理范畴，采用 B 途径；公共安全管理属政府管理、公共管理或社会管理范畴，采用 P 途径。

3.1　职业安全、公共安全的基本内涵

3.1.1　有关概念

　　人类的生产生活活动与安全有着天然的联系，安全和健康是人类生存和发展的最基本需要。随着科学技术的飞速发展，人类从事的各项活动的规模和复杂程度大大提高，安全问题也变得越来越复杂，越来越多样化；因而从安全方面研究和规范人类的生产生活活动就显得越来越重

要。然而，由于科学认知和经济技术条件的限制，在生产生活中我们不能够达到绝对安全，只能是相对安全，或令人满意的安全。假设绝对安全是1，绝对危险是0，那么我们研究的问题就在0和1之间。

3.1.1.1　安全（safety）

无危则安，无缺则全。安全意味着没有危险而且尽善尽美，这是传统观念中对安全的理解。随着对安全问题研究的深入，人类对安全问题有了更为深入的认识。有人认为，"安全是指客观事物的危险程度能够为人们普遍接受的状态。"这种说法指出了安全的相对性以及安全与危险之间的辩证关系，即安全与危险不是互不相容的；当事物的危险性降低到一定程度时，它就是安全的。美国军用标准《系统安全大纲》（MIL－STD－882C）指出，"安全是指没有引起死亡、伤害、职业病或财产、设备的损坏或损失或环境危害的条件。"这是系统安全管理思想的典型代表。还有人认为，"安全是指不因人、机、媒介的相互作用而导致系统损失、人员伤害、任务受影响或造成时间的损失。"这种说法将安全问题进一步拓展到了任务受影响和时间损失，这是更广义的安全概念。总之，现在比较能够被接受的一般定义是：安全是人们在生产和生活的过程中，生命得到保证，身体、设备、财产不受到损害。可见，研究安全问题的起点和终点都是"人"，这决定了安全及其相关学说是"人本"科学。

安全是人类与生存环境、资源和谐相处，互相不伤害，危险、危害或隐患在可以接受的水平；或者说安全是在人类生产过程中，将系统的运行状态对人类的生命、财产、环境可能产生的损害控制在人类能接受水平以下的状态。安全也可以看作是人、机与环境三者处于协调、平衡状态，一旦打破这种平衡，安全就不存在了。广义的安全包括生态安全、国家安全、民族安全、核安全、政治安全、经济安全、文化安全、国际安全、区域安全、企业安全、生产安全、生命安全、财产安全等。狭义的安全仅指人与周遭环境的相容性，包括生产安全和生活安全，即生产生活中人身和财产的安全。

3.1.1.2　危险（danger）

相对于安全而言，危险是指某一系统、产品、或设备或操作的内部和外部的一种潜在的状态，其发生可能造成人员伤害、职业病、财产损失、作业环境破坏的状态。危险的特征在于其危险可能性的大小与安全条件和概率有关。危险概率则是指危险发生（转变为）事故的可能性即

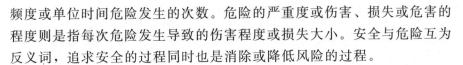

频度或单位时间危险发生的次数。危险的严重度或伤害、损失或危害的程度则是指每次危险发生导致的伤害程度或损失大小。安全与危险互为反义词，追求安全的过程同时也是消除或降低风险的过程。

3.1.1.3　事故（accident）

事故是个人或集体在为实现某种意图而进行的活动过程中，突然发生的、违反人的意志的、迫使活动暂时或永久停止的意外事件。按照不同的标准可以分为不同的类别：

（1）《企业职工伤亡事故分类》（GB 6441—1986）按致害原因将事故类别分为 20 类：物体打击、车辆伤害、机械伤害、起重伤害、触电、淹溺、灼烫、火灾、高处坠落、坍塌、冒顶片帮、透水、爆破、火药爆炸、瓦斯爆炸、锅炉爆炸、压力容器爆炸、其他爆炸、中毒与窒息以及其他事故。

（2）按伤害程度分类，可以分为轻伤（损失工作日低于 105 天的失能伤害）、重伤（损失工作日等于或大于 105 天的失能伤害）、死亡（发生事故后当即死亡，或受伤后在 30 天内的死亡事故，死亡损失工作日记为 6000 天）。

（3）按事故严重程度分类，可分为轻伤事故、重伤事故、死亡事故（一次事故中死亡 1～2 人的事故）、重大死亡事故（一次事故中死亡 3～9 人的事故）、特大死亡事故（一次事故中死亡 10 人及 10 人以上的事故）、特别重大死亡事故（包括民航客机机毁人亡，死亡 40 人及以上的事故；专机和外国民航客机在中国境内发生的机毁人亡事故；铁路、水运、矿山、水利、电力事故造成一次死亡 50 人及以上，或一次造成直接经济损失 1000 万元及以上的事故；公路和其他发生一次死亡 30 人及以上，或直接经济损失在 500 万元及以上的事故，航空、航天器科研过程中发生的事故除外；一次造成职工和居民 100 人及以上的急性中毒事故；其他性质特别严重、产生重大影响的事故）。

（4）按事故经济损失程度分类，可以分为一般损失事故（经济损失小于 1 万元的事故）、较大损失事故（经济损失大于等于 1 万元，但小于 10 万元的事故）、重大损失事故（经济损失大于等于 10 万元，但小于 100 万元的事故）、特大损失事故（经济损失大于等于 100 万元的事故）。

3.1.1.4　系统安全（systematic safety）

系统安全指的是在系统寿命周期的所有阶段，以使用效能、时间和成本为约束条件，应用工程和管理的原理、准则和技术，使系统获得最佳的安全性。这里的系统可以指工程技术系统，也可以指自然系统，还可以指社会系统。因此，可以将系统安全的思想引入生产系统和社会管理系统。

3.1.1.5 安全生产（work safety）

安全生产是在生产经营活动中，为避免造成人员伤害和财产损失的事故而采取相应的事故预防和控制措施，以保证从业人员的人身安全，保证生产经营活动得以顺利进行的相关活动。《辞海》中将"安全生产"解释为：为预防生产过程中发生人身、设备事故，形成良好劳动环境和工作秩序而采取的一系列措施和活动。《中国大百科全书》中将"安全生产"解释为：旨在保护劳动者在生产过程中安全的一项方针，也是企业管理必须遵循的一项原则，要求最大限度地减少劳动者的工伤和职业病，保障劳动者在生产过程中的生命安全和身体健康。后者将安全生产解释为企业生产的一项方针、原则和要求，前者则解释为企业生产的一系列措施和活动。根据现代系统安全工程的观点，上述解释只表述了一个方面，都不够全面。综上，"安全生产"可以被定义为：为了使生产过程在符合物质条件和工作秩序下进行的，防止发生人身伤亡和财产损失等生产事故，消除或控制危险、有害因素，保障人身安全与健康、设备和设施免受损坏、环境免遭破坏的总称。

安全与生产是一对矛盾统一体，生产过程中必然有安全问题，安全贯穿于生产的始终。安全对生产起着既制约又促进的作用。安全工作搞不好，事故频发，不仅会造成巨大的经济损失，增加生产成本，而且造成恶劣的社会影响，从而阻碍生产的发展。换言之，搞好安全工作，改善劳动条件，可以调动职工的生产积极性；减少职工伤亡，可以减少劳动力的损失；减少财产损失，可以增加企业效益，无疑会促进生产的发展；而生产必须安全，则是因为安全是生产的前提条件，没有安全就无法生产。因此，安全生产是安全与生产的统一，其宗旨是安全促进生产，生产必须安全。

3.1.1.6 安全管理（safety management）

安全管理是以安全为目的，进行有关决策、计划、组织、领导和控制方面的活动。由于企业系统和生产过程的日趋复杂，安全管理在事故控制中起到愈来愈重要的作用，主要体现在以下三个方面：

（1）切实加强安全管理，可以大幅度减少事故的发生。在事故发生的原因中，有85%左右都与管理紧密相关。也就是说，如果我们改进

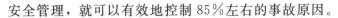

安全管理，就可以有效地控制 85％左右的事故原因。

（2）切实加强安全管理，才能减少事故的发生，保证良好的工作效率和经济效益。虽然"安全第一"的口号得到了广泛的传播，但是由于安全管理的效益只有在事故出现以后才显露出来，这和环保投入类似，因此企业对于这个口号重视程度普遍都不够。实际上对于企业来说，经济效益永远是第一位的，安全管理并不是也不可能是第一位的，否则就违背了经济学的基本假设。但安全管理作为一种"负负得正"的管理，关系着企业的经济效益和长远发展。

（3）安全管理对于控制事故的效果也是举足轻重的。一方面，控制事故所采取的手段，包括技术手段和管理手段，是由管理部门选择并确定的；另一方面，在有限的资金投入和有限的技术水平下，通过管理手段控制事故无疑是最有效、最经济的一种方式。

3.1.1.7　安全监管（safety administration）

监管是监督（supervision）和管理（administration）的合称和简称。监为监视、观察，"监者，临下也，领也，察也，视也"；督为责成、催促，"察者，察责催促也"。现代管理学中的监管，是指管理主体为获得较好的管理效果，对管理运行过程中的各项具体活动所实行的检查、审核、监督督导和防患促进的一种管理活动。从公共管理和政府管理的角度看，"监管"带有强制性色彩，有规范和管制的意思，可以视为与"规制（regulations）"同义。因此，安全监管与安全规制、安全管制同义。综上，安全监管是指为了维护人民群众的生命财产安全，政府运用政治的、经济的、法律的手段和力量，对各行业、部门和领域企事业单位的安全生产活动进行监督与管制的一种特殊的管理活动。

安全监管与安全管理既有联系，又不尽相同。一方面，安全监管与安全管理的内涵是不同的。安全监管的主体是政府，客体是企业等生产经营组织；安全管理的主体是企业，客体是与安全生产工作相关的人、事、物。换句话说，安全监管是政府职能之一，是宏观层面的规制；安全管理是企业的职能之一，是微观层面的操作。长期以来，这种界定并不明确，根源无非是计划经济时代政企不分遗留下来的结果。另一方面，虽然内涵有别，但安全监管与安全管理二者之间也有着深刻的联系。了解企业具体的安全管理活动，能够为政府安全监管奠定坚实的基础，使安全监管更有针对性。

3.1.2　职业安全的基本内涵

职业安全（occupational safety，OS）是指劳动者在作业场所中的安全与健康。职业安全包括安全生产、职业卫生（职业健康）、劳动保护、应急救援等与从业人员相关的安全与健康问题。与职业安全相对的概念是职业风险。

一般而言，职业安全主要是指企业（或其他类型的组织）内部与劳动者安全和健康相关的活动，即"私场所"的安全。当然，职业安全也可能产生正或者是负的外部性，对企业外部产生有利或不利的安全影响。因此，职业安全具有"准公共品"属性（私人品和公共品双重属性）。

我国职业安全问题较为突出，主要原因如下：

（1）安全法律法规和相关政策不健全，而且不能完全被企业落到实处。

（2）许多企业重视生产和经济效益，忽视安全投入和安全管理。

（3）许多从事一线生产劳动的从业人员文化程度较低，企业对安全培训重视程度不够等。

3.1.3　公共安全的基本内涵

公共安全（public safety，PS）是指公民进行正常的社会活动所需的安全、稳定的环境和秩序。公共安全包括与社会公众相关的自然灾害、生产安全事故、公共卫生事件、社会治安事件等涉及的安全和健康问题。与公共安全相对的概念是公共风险。

一般而言，公共安全主要是指由政府承担责任的与全社会公民安全和健康相关的活动，即"公场所"的安全。公共安全对全社会内的组织和个人都产生作用，具有"公共品"属性。

我国当前的公共安全问题较为突出，主要原因如下：

（1）体制转型期内产生的社会震荡。在体制转型期价值观的多元化，客观上增加了社会管理的难度。

（2）收入差距拉大产生的变态利益需求取向，使社会心理出现失衡，产生了各种利益集团之间的冲突与矛盾，利益冲突的加剧必然使违法犯罪行为增多。

（3）大规模社会人口流动产生的附带性社会治安问题。当前，除了农村民工潮之外，某些城市人口也加入了人口流动大军，给人口管理和治安带来巨大困难。在大规模的人口流动中，不可避免出现某些社会犯罪现象。

（4）政府职能转换期内产生的社会调控能力弱化。政府职能转换还没有完全到位，在某些方面造成社会调控能力弱化，从而影响社会治安的调控和整治。

（5）国际恐怖和犯罪活动对国内产生的冲击。

3.2　职业安全、公共安全的主体

党的十八大报告指出，强化公共安全体系和企业安全生产基础建设，遏制重特大安全事故。这个论述在一定程度上也区分了公共安全和职业安全的不同，指出了政府和企业分别对于公共安全和职业安全的主体责任。

3.2.1　职业安全的主体

由于在市场经济条件下，企业是最常见的组织形式，职业安全活动和职业安全问题发生的作业场所也基本都是企业提供的（当然也涉及少量非盈利组织），因此，一般而言，职业安全治理的主体是企业。或者说，政府通过经济性政策、社会性政策和法律法规，激励和约束企业承担职业安全治理的主体责任。

（1）作为市场竞争的独立微观单位，企业是职业安全活动的组织谋划者。主要体现在：一是企业需要在企业层面建立职业安全统筹与谋划的领导与组织系统，对职业安全工作实施全面统筹、正确领导、合理规划、科学安排、及时实施及有效控制，使职业安全工作"有人管，有人抓"。二是企业根据自身特点和经营需要，研究制定职业安全工作目标。从最低要求看，企业的职业安全工作应以保障自身正常生产经营活动所需的基本职业安全条件为基本目标；从长远的发展要求看，企业的职业安全工作应以适应国际市场竞争需要并实现安全与生产经营良性互动、建立完善的职业安全健康管理体系为目标。

（2）作为生产过程的组织与控制主体，企业是职业安全工作的主要实施者。职业安全事故发生在企业的生产过程中，事故原因涉及企业、从业人员、生产设施、设备、原材料以及作业环境这些与生产过程有关的各方面。因为企业相对于其他主体来说，对生产过程各方面了解得更为清楚，对有关生产过程的信息掌握得更为全面、系统，因而最有能力规避职业安全事故，所以，由最有能力规避事故的企业来承担职业安全的主体责任，对于社会整体来说是最合理的。企业与政府、从业人员及消费者相比，可以用较低的成本，制定相关规章制度，并保证其实施。并且，由于雇佣关系的存在，企业可以对从业人员进行职业安全教育培训，这就能有效地增强从业人员的职业安全意识和事故防范能力。在生产活动中，企业对从业人员有指挥命令权和监督权并直接影响着从业人员的行为。如果企业的安全意识高，严格按照安全生产规章制度、操作规程等来指挥命令和实施监督，就能够减少从业人员违规作业的可能性，把职业安全事故的发生概率控制在最低水平。相反，如果企业本身的安全意识不高，它所发出的指挥命令有悖于职业安全规章制度、操作规程等，那么，就不可能保证从业人员不违规作业。因此，保障职业安全的关键就在于企业，规定企业承担职业安全的主体责任是十分必要的。

（3）从有关法律法规规定看，企业是职业安全保障制度的全面执行者。

一是执行保障企业职业安全的各项基本规定，主要有：安全生产基本条件规定，安全生产投入保障制度、安全生产管理机构或安全生产管理人员配备规定，职工安全培训及特种作业人员持证上岗制度，有关建设项目安全评价规定、设备管理规定、现场检查规定、设备场所租赁承包中的安全管理规定、重大危险源的管理规定、不得与从业人员订立"生死合同"的规定及对从业人员的工伤社会保险等方面的规定。

二是执行企业负责人安全责任制度，主要有：企业及其主要负责人依法建立和完善安全生产责任制，明确并落实企业内部各有关负责人、各部门、各岗位的安全生产职责；主要负责人依法履行安全生产六项法定职责；主要负责人及有关职业安全管理人员的安全资格要求，真正具备与所从事的行业相适应的职业安全管理知识和能力。

三是从业人员权利义务制度。企业必须依法保障与落实从业人员在职业安全上的各种法定权利，包括知情权、建议权、批评权、检举权控告权、拒绝权、紧急避险权、要求获得赔偿的权利，获得劳动防护用品的权利及获得安全生产培训和教育的权利等。

四是安全生产许可证制度。煤矿、非煤矿山、危险化学品、烟花爆竹、建筑施工企业、民用爆破器材等行业的生产企业必须依法取得安全生产许可证，方可从事生产。

（4）从职业安全的基础来看，企业是职业安全投入的主体。

一是保障必要的职业安全投入是企业及其主要负责人必须履行的法定职责之一，企业维持自身安全生产所需要的投入由企业决策机构、主要负责人和个人经营的投资人负责筹措和保证。

二是安全生产资金投入必须满足企业具备基本职业安全条件的需要，通常是指维持企业具备动态的基本安全生产条件和直接投入，以及为保持这一条件所必须进行的相关管理活动的间接投入。在实际工作中，由企业依据有关规定和自身行业特点及工作需要提取并自主支配使用。

三是企业及其主要负责人必须保证"本单位安全生产投入的有效实施"，职业安全投入的有效实施是指企业的安全生产资金必须及时、足额、持续地用于维持和改善职业安全条件及其管理中，不能挪作他用。

四是企业及主要负责人必须对职业安全投入不足承担相应的后果，包括企业被责令停产停业整顿，主要负责人的处分及相应的经济处罚，构成犯罪的还要承担刑事责任等。

（5）从职业安全发挥的作用看，企业是职业安全的最大受益者。

一是企业通过认真抓好安全生产各项工作，有效地降低事故发生的概率，甚至可以避免事故的发生，减少事故损失，从而有效防止事故对于企业整体经济实力的冲击与破坏。

二是通过安全生产工作的全面落实，有效地改善企业的职业安全条件和环境，企业生产经营活动得以稳健、持续地开展，避免因生产安全事故造成正常生产经营链条的中断甚至企业的破产，为企业进一步发展壮大、增强实力提供了可能。

三是通过职业安全工作的持续推进与改进，在企业内部营造出安全、舒适、体面的生产作业环境，并在此基础上逐步建立起先进、科学、符合人性要求的安全文化，充分体现对人的生命与健康价值的关怀和保护，并将"以人为本""安全第一""预防为主"等理念有机地融入企业的总体经营理念和发展战略之中，真正从战略层次牢固确立安全生产应有的地位。

四是将安全生产各项工作融入企业每个从业人员的自觉行动之中，

全面提高企业的安全素质、改善企业的形象，使安全生产成为企业核心竞争力的重要构成要素之一，成为企业在竞争中取胜的重要"法宝"。

五是从经营管理的角度看，规定企业对职业安全承担主体责任，还有利于企业的长远发展。有些人认为，企业追求经济利益与安全生产之间存在着矛盾。但是，这只看到问题的一个方面。而另一方面，如果企业忽视了职业安全，致使生产事故发生，不仅会给从业人员、消费者等带来身心健康上的损失，同样会给企业带来损失，还会造成生产经营活动的中断、使企业无法继续生产经营活动。并且，企业还要根据职业安全事故的法律责任，对受到伤害的从业人员、消费者等承担民事赔偿责任，如果构成犯罪，还要接受刑事处罚。生产事故的发生还会影响到企业的声誉，在企业外部导致交易企业、消费者对企业的不信任，企业的交易量、销售量下降，在企业内部则造成从业人员对企业忠诚度的下降和积极性低下。随着企业社会责任约束不断强化。如《企业社会责任标准》(SA8000)，对童工、强制雇佣、联合的自由和集体谈判权、差别待遇、惩罚措施、工时与工资、健康与安全、管理系统等方面作了规定，将对企业的发展产生重大影响，一个企业的职业安全保障能力及安全生产情况越来越成为国际市场上目标客户选择合作对象的重要考虑因素，成为企业进入国际市场的"门槛"之一。一个没有良好职业安全环境和安全生产记录的企业，将很难跻身国际市场，最终也难以成为永续经营和有核心竞争力的企业。所以，忽视安全生产最终必定会给企业带来巨大的损失。

(6) 从责权利对等的角度看，企业是职业安全违法行为责任及后果的基本承担者。

根据《安全生产法》等法律法规的规定，企业作为承担安全生产违法行为责任及后果的重要主体，实际上又包含三个层次：①以整个企业为单位承担责任；②以企业主要负责人为主体承担责任；③以从业人员为主体承担责任。从实际工作情况看，企业对自己的安全生产违法行为承担的后果及责任主要有以下几个方面：

一是承担事故发生所遭受的各种损失，包括直接损失和间接损失，直接损失主要是指人身伤亡后必须支出的费用，事故抢救及善后费用和财产损失等。间接损失则包括停产、减产损失，工作损失价值及资源损失，补充新从业人员必须支付的培训费及其他费用等。

二是有些人员可能由于违章指挥、冒险作业成为事故的死亡或受伤者，或使自身的健康受到伤害，或从此部分丧失甚至全部丧失劳动能力。

三是依法必须承担的法律责任，主要有三个方面：①行政责任，行政责任又包括两类：一类是行政处分，是指企业的主要负责人及其他有关负责人、管理人员及从业人员因违反《安全生产法》等有关法律法规规定，但尚未构成犯罪的行为而受到的制裁性处理；另一类是行政处罚，是企业或有关人员因违反安全生产法律法规规定依法应承担的后果。②民事责任，主要是企业因违反安全生产法律法规规定导致事故发生而给他人造成的人身伤害及财产损失必须承担的赔偿责任及连带赔偿责任。③刑事责任，是指企业主要负责人及其他负责人、管理人员、从业人员违反安全生产有关法律法规规定导致事故发生，并构成犯罪的，依照《刑法》的有关规定必须承担的刑事责任。

3.2.2　公共安全的主体

公共安全涉及面广，牵涉公共利益，因此，一般而言，公共安全的主体是政府，包括中央政府和地方各级政府。公共安全问题处理不好，会影响改革、发展和稳定大局，影响社会和谐。有观点认为，"公共安全主体包括：政府、企业、社会组织和个人"，甚至"每个人都是公共安全主体"。在一定意义上，这些观点没错，的确社会中的每个组织和每个人的安全或危险行为都可能影响其他组织或其他人，具有一定的公共性。但是全面、系统地提供优质公共安全产品、保障人民群众生命财产安全和广大企业生产经营活动正常进行的，只能也必须是政府。

（1）政府出台公共安全政策。

1）经济性政策，即通过财政、税收等经济手段规制企业的生产经营行为和安全生产活动，使之达到政府设定的安全目标，比如煤矿安全费用提取政策、所得税优惠政策等。

2）社会性政策，即通过政府的行政引领和干预，利用安全伦理、安全文化、安全诚信、安全评价、舆论监督、公众参与等一系列政策、措施、手段、行动准则和规定政策，促进安全生产和安全监管工作，解决事故和灾害引发的社会问题，改善社会环境，增进社会福利，促进社会稳定和和谐，降低市场经济下公民的安全风险。

3）法律性政策，指与安全监管立法、司法和执法相关的政策，旨在从法律和法制层面规制生产经营单位的安全生产活动，重典治安，促进安全生产长效机制的构建。

（2）政府引领公共安全要素和内涵建设。

1）安全文化。安全文化是在生产活动的实践过程中，为保障身心健康安全而创造的一切安全物质财富和精神财富的总和。安全文化的核心是安全素质，人的安全素质关键是安全意识。全社会应认识安全文化的重要作用，决策者和大众共同接受安全意识、安全理念、安全价值标准，当前尤其应树立预防为主、安全也是生产力、安全第一、安全就是政绩、安全性是生活质量的观点，树立自我保护、除险防范等意识，坚持以人为本，珍惜生命、关爱生命，通过安全文化建设提高全民安全素质，为安全生产提供强大的精神动力和智力支持。

2）安全法制。安全法制是指制定和完善与安全生产和安全监管有关的法律法规并在实践中严格执法等，内涵包括：理顺法律关系，明确法律责任，提高执法水平，改善执法条件，加大执法力度，严肃追究法律责任，使安全生产法律法规成为任何社会成员不可逾越的界线；健全安全法规，做到有法可依，措施得力，推进安全监管工作从人治向法治转变；完善行业规章、规范和标准，依法加强执行力度。这是安全生产的治本之策。

3）安全责任。安全责任是指"确保政府承担起公共安全治理主体的职责，确保企业承担起安全生产责任主体的职责"。在安全监管工作中，政府工作的第一要务就是促进企业落实安全生产管理的主体责任。应突出企业安全生产的主体地位，落实好生产经营单位在机构、投入、人员素质、管理、经济赔偿方面的制度，促使企业建立安全生产自我完善的长效机制。

4）安全科技。安全科技是指与安全生产相关的科学技术。加强安全基础科学研究和理论创新，重点研究安全监管理论、安全心理理论、安全行为理论、安全工程理论、安全经济理论、安全管理理论、安全执法理论、安全文化理论、本质安全理论等，为安全生产和安全监管提供正确的指导方向。安全技术研发方面，应加强典型重大灾害事故致因机理及演化规律的研究，加强事故隐患诊断、预测与治理的技术研究，加强燃烧、爆炸、毒物泄漏等重大工业事故防控与救援技术研究及相关设备开发。开展安全生产监督监察技术的研究，创新安全生产监管监察手段。推动安全技术资源整合，建立国家安全生产科技创新、技术研发与成果转化基地，形成以企业为主体、产学研相结合的安全技术创新机制。鼓励和支持先进、适用安全技术的推广应用，实施安全技术示范工程，提升安全生产科技水平。加快安全生产信息化和安全生产技术保障体系建设。利用现代通信技术，建立高效灵敏、反应快捷、运行可靠的信息系统，及时掌握安全生产动态，为安全生产监管提供信息和技术保障，提高监管决策的科学性和有效性。

5) 安全投入。安全投入是指制定和完善财政、金融、保险、税收等有利于安全生产的经济政策，拓宽安全生产投入渠道，形成以企业投入为主、政府投入导向、金融和保险参与的多元化安全生产投融资体系，引导社会资金投入安全生产，改善安全生产条件。其内涵包括：运用财政政策，加大政府对安全生产的投入；综合运用产业政策，提高企业的安全生产保障能力；建立工伤保险与事故预防相结合机制，运用工伤保险行业差别费率和企业浮动费率机制，促进企业加强事故预防和工伤预防；鼓励和推动意外伤害险、责任险等商业保险进入安全生产领域；用资源、安全、环保、技术标准、维护职工权益等方式，合理提高煤炭及非煤矿山的市场准入标准。

(3) 政府加强公共安全体系建设。

1) 严格安全生产管理。落实企业安全生产责任制，建立健全企业安全生产预防机制。加强安全监管监察能力建设，严格安全目标考核与责任追究。健全安全技术标准体系，严格安全许可。实行重大隐患治理逐级挂牌督办和整改效果评价制度，深化煤矿、交通运输等领域安全专项治理。健全协调联动机制，严厉打击非法违法生产经营。防范治理粉尘与高毒物质等重大职业危害。开展安全科技攻关和装备研发，规范发展安全专业技术服务机构，加强对中小企业安全技术援助和服务。加强安全宣传教育与培训。

2) 健全突发事件应急体系。坚持预防与应急并重、常态与非常态结合的原则，建立健全统一指挥、结构合理、反应灵敏、保障有力、运转高效的国家突发事件应急体系，提高危机管理和风险管理能力。健全应急管理组织体系，完善应急预案体系，强化基层应急管理能力。加强应急队伍建设，建立以专业队伍为基本力量，以公安、武警、军队为骨干和突击力量，以专家队伍、企事业单位专兼职队伍和志愿者队伍为辅助力量的应急队伍体系，提高生命救治能力。建立健全应急物资储备体系，加强综合管理，优化布局和方式，统筹安排实物储备和能力储备。建立健全应急教育培训体系。完善特大灾害国际救援机制。

3）完善社会治安防控体系。坚持打防结合、预防为主，专群结合、依靠群众的方针，完善社会治安防控体系，加强城乡社区警务、群防群治等基层基础建设，做好刑罚执行和教育矫治工作。完善和规范安全技术防范工作，广泛开展平安创建活动，加强社会治安综合治理。加强公共安全设施建设。建设国家人口基础信息库。加强特殊人群安置、救助、帮教、管理和医疗工作，加大社会治安薄弱环节、重点地区整治力度。加强情报信息、防范控制和快速处置能力，增强公共安全和社会治安保障能力。加强刑事犯罪预警工作，严密防范、依法打击各种违法犯罪活动，切实保障人民生命财产安全。严格公正廉洁执法，提高执法能力、执法水平和执法公信力。

4）保障食品药品安全。制定和完善食品药品安全标准。建立食品药品质量追溯制度，形成来源可追溯、去向可查证、责任可追究的安全责任链。健全食品药品安全应急体系，强化快速通报和快速反应机制。加强食品药品安全风险监测评估预警和监管执法，提高监管的有效性和公信力。继续实施食品药品监管基础设施建设工程。加强检验检测、认证检查和不良反应监测等食品药品安全技术支撑能力建设。加强基层快速检测能力建设，整合社会检测资源，构建社会公共检测服务平台。强化基本药物监管，确保用药安全。

3.3 职业安全、公共安全的客体

3.3.1 职业安全的客体

职业安全的客体是企业或其他组织的工作场所中存在的安全和健康问题，比如安全生产隐患、重大危险源、职业危害（含急、慢性职业病）、生产事故及其防治等。即"私"场所的安全和健康问题。

既然被称为职业安全，那么就是在职业场所发生的安全健康问题。企业是职业场所的最主要提供者，因而职业安全的客体可以视为企业内部的安全生产、职业健康和应急救援问题。

3.3.2 公共安全的客体

公共安全的客体范畴非常广泛，影响社会公众安全和健康的问题都在其列，比如具有外部性的生产安全事故、传染病等公共卫生事件、自然灾害、生态环境破坏、恐怖袭击、恶性犯罪、社会惊遁踩踏事件等。即"公"场所的安全和健康问题。

一般而言，公共安全客体可以分为四类，即自然灾害、生产安全事故、公共卫生事件、社会安全事件。这些问题一般的社会组织、企业或者个人无法解决，只能依靠政府和国家机器的力量才能统筹协调解决，尤其是社会主义国家在这方面更具优越性。

3.4 职业安全、公共安全的产品属性

3.4.1 职业安全的产品属性

按照私人品和公共品的性质考量，职业安全是"准公共品"，兼有私人品和公共品的双重属性。理由是职业安全具有一定的非竞争性、正的外部性、一定的排他性和有限的公益性。具体分析如下：

（1）一般而言，一些人对职业安全的"消费"（享有）不会减少其他人的"消费"（享有），即对企业提供的职业安全环境的受益不会因其他人的受益而减少，这表明职业安全具有一定的非竞争性；当然，有时（比如在事故或灾害发生时）对职业安全设备设施的使用就可能会有竞争。

（2）职业安全会对企业外产生正的外部性。比如，一个化工企业安全系数提高，不仅能够保障企业本身正常的生产经营秩序，提高经济效益和利润水平，同时也能够使所在城市或社区经济繁荣、社会稳定；又如，煤矿井下工作场所危险程度的降低会减少企业相关费用，降低人员流失率，保证企业和矿区稳定，进而能够提升煤炭行业形象乃至国家形象。

（3）职业安全一般是在某个特定生产环境内实现，这使得职业安全具有地域性和有限的排他性，即其受益和消费对象不是社会公众全体，而是一定范围的公众。例如，某企业给工人配备现代化的安全性能高的机器设备，将会减少事故发生的可能性或严重性，这样所提供的职业安全环境，只使在其所能涉及的范围内的个人、企业受益。

（4）职业安全能够在一定范围内改善职工的生产生活质量，促进企业安全生产，带来"负负得正"的安全经济效益；同时，职业安全水平的提升能够提高人民群众的安全健康福祉，对人民生活、经济发展和社

会稳定具有一定的积极作用，因此"职业安全"具有有限的公益性。

综上，职业安全具有准公共品属性，即兼有私人品和公共品的双重属性。

3.4.2 公共安全的产品属性

公共安全属公共品范畴，而且是一种典型的公共产品。理由是公共安全具有非竞争性、正的外部性、非排他性和公益性。具体分析如下：

（1）一些人对于公共安全态势和环境的消费（享有）不会降低其他人对此的消费（享有），老百姓对公共安全不存在竞争关系，不是"零和博弈""以邻为壑"，而是共赢、共同享有，即公共安全具有非竞争性。

（2）一个地方或社区的公共安全形势好，会影响和带动其他地方或社区的安全状况提高，具有扩散和示范效应，即公共安全具有正的外部性。

（3）公共安全不是某个人、某个组织、某个企业、某个行业、某个部门、某个社区单独所有，其他人被排除在外，而是全民共享，即公共安全具有非排他性。

（4）公共安全是政府对人民安全和健康权益的一种承诺，是公共利益之一，即公共安全具有公益性。当社会的发展超越了生存和温饱，人们对"公共安全"有着水涨船高的期待。现在的公共安全概念，不仅包括打击犯罪、维护稳定的传统含义，更包含许多非传统性风险、新的甚至未知的挑战，"财富的社会生产系统地伴随着风险的社会再生产"，在现代化的加速推进中，中国也不可避免地进入了"风险社会"。而公共安全则是政府提供给社会和人民的一种重要的、典型的公共产品。

基于上述分析，职业安全具有准公共品属性（私人品和公共品双重属性），公共安全具有公共品属性。正是由于职业安全和公共安全具有这样的产品属性，两种安全才有了相互转换的基础和前提。在一定条件下，二者之间能够跨越边界而进行相互转换。

3.5 职业安全管理与公共安全管理

3.5.1 职业安全管理

一般而言，对职业安全的管理是企业管理、工商管理的范畴。需遵循利益最大化或所有者权益最大化原则，以及商业伦理原则。对其进行管理或治理宜采取考虑成本、效益、投入、产出的 B（business）途径（path‐B）。

短期看，职业安全投入会增加企业成本，但长期看安全投入和安全费用如同给企业的安全生产投保，会控制危险源、减少事故损失、减少职业危害、提升应急救援能力、提升企业形象，产生"负负得正"的效益。

3.5.2　公共安全管理

一般而言，对公共安全的管理属政府管理、公共管理或社会管理范畴。需遵循社会福利最大化原则，以及社会公平和正义原则。对其进行管理或治理宜采取考虑公平、公正、福利、大众的 P（public）途径（path‐P）。

公共安全管理绩效和水平的提升是国家治理能力和软实力的重要体现，是政府保护人民生命、健康和财产安全的衡量标准之一，是社会管理和综合治理的主要领域，与国内生产总值和环境治理等一道可作为各级官员政绩考核的指标。

综上所述，落实到安全生产领域，公共安全管理的目的就是通过政府出台各项法律、法规、政策、措施，谋求公共安全绩效的帕累托改善，提升国家安全治理能力，实现全社会安全福祉最大化。

第4章

职业安全、公共安全的边界

　　首先明确政府与市场的边界，指出在安全生产领域，划定政府和市场的边界，厘清政府和企业的关系以及责任、权利和义务，具有十分重要的意义。职业安全与公共安全存在边界：一是主体责任边界，即企业对职业安全承担主体责任；政府对公共安全承担主体责任。二是产权边界，即职业安全产权边界是企业对与职业安全相关的企业各种财产和资源的产权边界；公共安全产权边界是政府对于安全生产的职能、职责、相应的权力结构、掌控的安全生产资源以及政府安全监管行为的权力边界；"科斯三定理"对安全的产权边界划分具有指导意义。三是成本边界，职业安全成本主要由企业承担，公共安全成本主要由政府承担。社会安全总成本可视为职业安全成本与公共安全成本之和，最优成本边界是边际职业安全成本等于边际公共安全成本。

　　从第3章的分析中可以看出，职业安全主要是在市场调控下企业的主体活动，而公共安全主要是政府的主体活动。职业安全与公共安全的边界本质上就是政府与市场的边界（经济调控手段）、政府与企业的边界（经济社会主体）。

4.1　政府与市场的边界

党的十八大报告指出，经济体制改革的核心问题是处理好政府和市场的关系，必须更加尊重市场规律，更好发挥政府作用。进而，十八届三中全会通过的《中共中央关于全面深化改革若干重大问题的决定》指出，经济体制改革是全面深化改革的重点，核心问题是处理好政府和市场的关系，使市场在资源配置中起决定性作用和更好发挥政府作用。从市场的"基础性作用"到"决定性作用"，这是具有突破性的提法和论断。

对政府和市场关系以及边界的研究是市场经济的永恒主题，已有200 多年历史，并处于不断发展和变化中。1776 年，英国古典政治经济学创始人亚当·斯密发表了《国富论》，提倡自由竞争，主张政府不干预主义。亚当·斯密等许多自由主义经济学家和资本主义政治家都认为，必须尊重市场这只"看不见的手"，尊重经济规律。但自由放任的经济政策导致了 20 世纪 30 年代世界范围内的金融危机和经济危机。1936 年，英国经济学家约翰·梅纳德·凯恩斯出版了《就业、利息和货币通论》，美国总统富兰克林·罗斯福接受了凯恩斯主义，掀起了一场凯恩斯革命，主张政府干预，政府干预主义逐渐成为主流经济学和政界普遍接受的观点，即通过政府这只"看得见的手"对经济进行调控和干预，亦即将"看得见的手"和"看不见的手"有机结合，共同引领经济发展。从社会实践来看，在时间上是先有自由竞争、后有宏观调控，但在政府和市场的选择中却没有一个固定模式，有的国家更倾向于自由竞争，有的国家更倾向于政府干预。有一点值得肯定，就是无论哪一个国家、哪一个行业都没有所谓的离开政府干预的完全竞争。无非是有的国家、有的行业政府干预多一点，有的干预少一点；有的干预程度深一点，有的干预程度浅一点。

要处理好政府和市场的关系，先要弄清楚什么是市场、政府，弄清楚什么叫市场规律、什么是政府作用，并由此厘清市场和政府之间的边界。市场机制在充分调动生产要素积极性、提高资源配置效率的同时，也存在着较大的缺陷，所以，在市场经济条件下经济社会的健康发展离不开政府干预、指导和调控。市场缺陷体现在以下几个方面：

（1）存在市场失灵。市场不能有效防止垄断；市场机制也不能有效提供公共产品，同时市场机制会产生负外部性，即生产或消费给其他人带来附带的正的成本。

（2）在市场经济条件下，即使是公平竞争也可能产生分配（收入）差距扩大甚至两极分化，导致社会矛盾激化。

（3）完全依靠市场机制，会导致经济波动幅度过大，甚至产生类似20世纪30年代的大危机、2008年席卷全球的金融危机、2020年由新冠肺炎疫情公共卫生安全灾难引发的经济危机等，给世界经济带来了巨大损失。

弥补市场缺陷需要政府干预、指导和调控。那么，政府是不是万能的呢？答案同样是否定的，政府也存在失灵的问题。如果政府作用的扩张超过限度就会变成"利维坦"，破坏市场机制，限制资源合理流动，削弱"看不见的手"的积极作用，降低资源的有效利用率，阻碍经济发展；政府工作人员也会因为主客观原因，做出错误决策或错误地执行任务。

市场不是万能的，政府也不是万能的，那么，政府和市场究竟是什么关系呢？边界在哪里呢？一般认为，政府和市场的边界就是：凡是市场机制能够充分发挥作用，资源能够实现有效配置，或者是存在政府失灵的经济领域，就不需要政府干预；凡是存在市场失灵，市场机制不能有效发挥作用的地方，就需要政府干预。也就是说，资源配置要以充分发挥市场机制为基础，不能脱离市场机制过度强调政府干预，也不能离开政府实行无政府主义。而判断的基本标志，就是凡是激发市场活力，促进经济发展的模式都是好的；凡是窒息市场活力，不利于经济发展甚至阻碍经济发展的政府干预模式都是不好的。政府和市场功能的发挥都离不开市场主体，主要的市场主体是企业，要在三者之间形成政府调控市场、市场引导企业的宏观调控模式。

我国改革开放40多年以来的实践证明，市场机制对推进经济建设具有重要作用。但同时，我国的社会主义市场经济体制还存在很多不完善和有待探索的地方。其中一个主要问题，就是政府和市场的关系和边界。它主要体现在政府职能越位，干预较多，习惯于用计划经济思维解决市场经济中的问题，如政府直接干预企业行为；也存在着政府职能缺位或不到位，需要政府管的没有管好等，如公共产品供给不足、收入差距拉大、环境恶化、安全生产事故频仍等。而政府越位、缺位和不到位都有可能破坏市场规律，扭曲市场机制。因此，处理好政府和市场的关系、政府和企业的关系不是一个可选命题，而是必选方案。

市场规律包括价值规律、价格规律、供求规律、竞争规律等。尊重市场规律，就是要用市场经济的思维，用市场经济的办法解决市场经济中的问题；就是要培育市场体系，让市场机制能够充分发挥作用；就是要制定公平竞争的市场规则，让市场主体依法平等使用生产要素，平等竞争；就是要培育有形和无形市场，为市场主体参与竞争提供平台。

政府作用则主要体现在四个方面：一是经济调节，主要指实现社会总供给与社会总需求的平衡，保持国民经济平稳健康发展，避免大起大落；二是市场监管，主要指政府要制定规则，监督和管理市场，维护市场秩序，保护平等竞争，打破垄断，维护商品和服务信誉，打击假冒伪劣商品，提升安全生产监管能力，遏制重特大事故发生；三是社会管理，是指要创造一个和谐有序的社会环境，及时处置社会问题，包括与安全生产、职业健康和应急救援相关的社会问题；四是公共服务，是指要提供更多的高质量的公共产品，尤其包括安全产品，为广大民众和市场主体提供及时到位的公共服务。

根据党的十八大和十八届三中全会精神，政府机构改革的方向就是稳步推进大部门制改革，建立健全部门职责体系。其核心目的是：转变政府职能，建立一个与市场经济体制更加相适应的政府。市场经济是效率经济，这不仅是对企业的要求，也是对政府的要求。提高政府效率的重要途径是精简。政府机构改革不是目的，目的是要建立一个更有效的政府，也是要转变政府职能，让政府职能更加适应于社会主义市场经济体制。具体而言就是：第一，要由以前的直接干预微观经济主体，转变为调控和监督市场；第二，要由行政手段干预经济为主，转变为主要依靠经济和法律手段，辅之以必要的行政手段；第三，要由以前的以审批和资源配置为主，转变为服务和创造良好的营商环境为主；第四，要由以前的更加注重经济增长转变为更加注重经济社会协调发展，我国安全生产领域等社会问题进入多发期、凸显期，存在复杂性和长期性，需要政府下更大力气解决，否则，过多的社会矛盾会引起社会不稳定，影响经济增长和社会和谐。从现实来看，政府需要更多地关注弱势群体，把更多精力放到社会管理上来。比如更加关注与煤矿、非煤矿山、化工等高危行业从业人员（主要是生产环境恶劣的一线工人）相关的安全生产、职业健康、应急救援问题以及社会管理问题。

根据上述分析，在安全生产领域，划定政府和市场的边界，厘清政府和企业的关系以及责任、权利和义务，具有十分重要的意义。一是能够明晰政府职能，规避越位、缺位和不到位导致的不良后果，强化政府对安全生产的监管能力，提升各行业特别是高危行业安全领域的社会管理水平、治理能力和运作效率，在一定的质和量上为社会提供具有公共产品属性的安全产品；二是能够通过市场这只"看不见的手"引领和优化全社会安全领域的资源配置，从人、财、物、信息等经济资源的角度，从人、机、环、管等安全要素资源的角度，都实现兼顾成本、效益、安全的社会生产目的；三是能够使企业尤其是高危行业企业加大安全投入，提升安全效益，打造安全生产长效机制以及基于安全的战略竞争优势，并在保证内部职业安全的同时也在一定的质和量上为社会提供具有准公共产品属性的安全产品。因此，基于安全发展战略和构建安全保障型社会的视角，政府、市场和企业是一组重要的耦合的三元关系，只有边界清晰、关系理顺，才能更好地发挥各自作用和协同作用，推动实现社会安全福祉（效用）最大化。

4.2 职业安全、公共安全的主体责任边界

4.2.1 企业对职业安全负主体责任

企业的职业安全主体责任是指企业遵守有关安全生产的法律、法规、规章的规定，加强安全生产管理，建立安全生产责任制，完善安全生产条件，执行国家、行业标准确保安全生产，以及事故报告、救援和善后赔偿的责任。其主要包括以下内容。

4.2.1.1 具备安全生产条件

具备法律法规和国家标准、行业标准规定的安全生产条件，依法取得安全生产行政许可；不具备安全生产条件的，不能从事生产经营。

4.2.1.2 建立健全安全生产责任制

企业安全生产责任是全员的，它将单位负责人与其他负责人生产管理的领导、内设有关机构和从业人员在安全生产中应负的责任，逐级分解落实，从而形成一个自上而下的责任体系。其各自主要内容如下：①生产经营单位主要负责人或者正职对本单位的安全生产工作负全责，必须组织建立、健全本单位安全生产责任制；②生产经营单位负责人或者副职按照各自职责协助主要负责人搞好安全生产工作；③生产经营单

位职能管理机构负责人按照本机构的职责组织有关工作人员做好安全生产工作，对本机构职责范围的安全生产工作负责；④职能机构工作人员在本职范围内做好安全生产工作；⑤班组长除自身履行好一个岗位工人的安全职责外，还要督促本班组的工人遵守有关安全生产规章制度和安全操作规程；⑥岗位工人接受安全生产教育和培训，遵守有关安全生产规章制度和操作规程。

4.2.1.3　建立健全安全生产规章制度和操作规程

安全规章制度，是国家安全生产方针、政策、法律、法规、规章等在生产经营单位的具体化，只有通过各项安全生产规章制度才能落实到基层，落实到每个岗位，每个职工。安全操作规程，是生产经营单位针对具体的工艺、设备、岗位所制定的具体的操作程序和技术要求。安全生产规章制度和安全操作规程，是生产经营单位搞好安全生产，保证生产正常运行的重要手段。安全生产规章制度和操作规程，越具体，越流程化、标准化，就越能保障安全生产责任制的落实到位，从而为企业的安全生产做出重要的保障。

4.2.1.4　保障安全生产投入到位

安全生产投入是保障生产经营单位安全生产的重要基础。安全生产法明确规定：生产经营单位应履行保证本单位安全投入有效实施的法定义务，同时应承担由于安全投入不足导致的法律责任 企业是安全生产的主要组织单位和责任实体，安全生产所有工作最终都要落实到企业，因此，企业是安全投入的最重要主体。要保障生产经营单位达到法定的安全生产条件，就必须进行必要的安全投入，特别是重大隐患的整改资金必须到位。必要的安全监测监控设施和设备必须配置俱全，依法为从业人员提供劳动防护用品，并指导、监督其正确佩戴和使用。

4.2.1.5　制定事故应急救援预案

事故往往有突发性，一旦发生，正常的工作秩序被打乱，情急之下，往往会出现现场领导或临时成立的抢救组织制定不出有效的抢救措施、急需的物资未准备、专业的抢险人员无法及时到位等问题，由此，延误了事故处理的最佳时机，导致事故扩大。如果事先制定了事故应急救援预案，并做到训练有素，在事故发生时，有备而来，有序抢险，高效抢险，事故自然会被及时地得到科学处置，从而不仅避免了事故的扩大，而且最大限度地减少了人员伤亡和财产损失。因此，建立事故应急救援预案，对一个单位来说，非常重要，必不可少。企业应根据本单位情况，组织有关部门、专家和专业技术人员认真研究本单位可能出现的生产安全事故，采取切实可行的安全措施，明确从业人员各自的责任，制定出符合实际、可操作性强的事故应急救援预案。制定事故应急救援预案之后，必须进行定期不定期的演练，真正做到无险常备，有险即用，用之必胜。

4.2.1.6 对从业人员依法进行必要的安全教育和培训

企业应当对有从业人员进行必要的安全生产教育和培训，保证安全生产教育培训的资金，保证从业人员具备必要的安全生产知识和技能，取得相关上岗资格证书。采用新工艺、新设备或者新技术、新材料，必须对有关员工进行专门的安全生产教育和培训，使他们全面充分地了解、掌握其安全技术特性，确保安全操作，防范事故发生。

4.2.1.7 履行安全"三同时"规定

企业应依法履行建设项目安全设施同时设计、同时施工、同时投入生产和使用（简称"三同时"）的规定；矿山建设项目、生产、储存危险物品的新建、改建、扩建工程项目，应当分别按照国家有关规定进行安全条件论证和安全评价。

4.2.1.8 科学设置安全机构和人员

企业应依法设置安全生产管理机构，配备安全生产管理人员；依法加强安全生产管理，定期组织开展安全生产检查，及时消除事故隐患，依法对重大危险源实施监控。

4.2.1.9 及时进行事故报告和应急救援

企业应依法向政府有关部门及时如实报告生产安全事故，及时开展事故抢险救援，妥善处理事故善后工作。

4.2.1.10 负责职业病防治与工伤保险工作

企业负责作业场所职业危害的预防和职业病防治工作；依法为从业人员缴纳工伤保险费，积极投保安全生产责任险。

原国家安全生产监督管理总局提出的"企业安全生产责任体系五落实五到位"规定也明晰了企业对职业安全的主体责任：必须落实"党政同责"要求，董事长、党组织书记、总经理对本企业安全生产工作共同承担领导责任；必须落实安全生产"一岗双责"，所有领导班子成员对分管范围内安全生产工作承担相应职责；必须落实安全生产组织领导机构，成立安全生产委员会，由董事长或总经理担任主任；必须落实安全管理力量，依法设置安全生产管理机构，配齐配强注册安全工程师等专业安全管理人员；必须落实安全生产报告制度，定期向董事会、业绩考核部门报告安全生产情况，并向社会公示；必须做到安全责任到位、安全投入到位、安全培训到位、安全管理到位、应急救援到位。

4.2.2 政府对公共安全负主体责任

4.2.2.1 调整和明确政府的公共安全治理职能

新形势下创新和加强公共安全治理的关键在于调整政府与社会的关系。为此，应尽快依照"法无授权不可为，法定职责必须为，法无禁止皆可为"的原则，系统梳理政府当前承担的公共安全职能，明确政府应当做什么，不应当做什么，为改革明确方向，制定路线图。建议将政府当前承担的公共安全治理职能分为三类；第一类职能是政府应继续承担的职能，如制定安全规范、维护社会治安等；第二类职能是可由政府与社会共同承担的职能，主要是各类公共安全服务职能，如防灾减灾、公共安全设施维护等；第三类职能是应交由社会承担的职能，如公共安全技术方面的业务研究、咨询服务活动等。清单拟定后，政府应依照清单切实推行改革。对于第一类职能，要不断提高政府履职能力，更好发挥政府主导作用；对于第二类职能，要依照非营利机构、社会组织和企业的能力建设推进情况，逐步扩大转交范围，同时要强化事中事后监管能力，提高公共安全服务效率；对于第三类职能，政府要切实放权，不随意介入，不任意干预，使政府在公共安全治理中做到适时介入、适当干预和适度供给。

4.2.2.2 提高公共安全治理的法治化水平

法治的引领与规范作用对于加强公共安全治理具有重要意义，必须深入贯彻十八届四中全会精神，把公共安全治理纳入法制化轨道。要整合公共安全现有的法律体系，加强综合性立法，推进前瞻性立法。密切关注网络、新媒体等技术发展，开放低空空域等改革措施，金融业务创新等各领域新动向、新趋势可能对公共安全造成的影响，加强预研，及时启动立法程序，有效防范新生安全威胁。要推动政府部门依法治理，建设法治政府。对政府内部机构权责进行合理分工，通过分事行权、分岗设权、分级授权、定期轮岗、强化内部流程控制，促进依法行使权力、严格执法，履行职责，防止权力滥用。要强化法治理念，建立领导干部干预司法的责任追究制度，严格公正执法，避免用"运动式""选择性"手段替代法制规范维护公共安全。

4.2.2.3　提高公共安全决策的科学化水平

公共安全决策往往意味着对某些群体权利的限制，这要求政府在集体行动的巨大利益和一致同意的巨大交易成本之间进行权衡，建立相应的制度保障，保证各利益集团，尤其是那些预期将受损的集团有充分的机会在政策出台前进行平等谈判。要确立政府信息公开、重大事项决策过程公开的原则，建立完善公共安全决策听证会制度、重大决策事项社会稳定风险评估制度等等，通过最广泛的社会参与进行民主协商，广泛听取社会各界意见。要充分发挥人民代表工作室、政协委员联系点的作用，畅通公共安全诉求的表达渠道，协调各群体利益诉求，不断提高公共安全决策科学化水平。

4.2.2.4　鼓励社会力量承接部分公共安全职能

社会组织在公共安全治理中发挥着重要作用，能够通过服务群众、调解矛盾、协调利益关系，从源头上化解部分公共安全风险；行业协会作为行业的管理者和代言人，在自律、维权、规范市场秩序、保证企业合法经营等方面发挥着重要作用，成为公共安全的重要保障；治安志愿组织和劳动、卫生等诸多领域的社会组织承担了重要的公共安全职能。因此，政府在转变职能和简政放权过程中，应进一步深化改革社会组织管理制度，扶植相关社会组织发展，鼓励其在维护公共安全中发挥积极作用，大力促进组织、资源、信息的有机整合和资源共享，努力形成全员参与、全社会联动响应的良性互动网络格局。

4.2.2.5　加强政府公共安全治理绩效

评估政府公共安全治理绩效评估为衡量政府公共安全职能的合理性与必要性提供了较为清晰的标准，是持续改进政府公共安全工作的一种行之有效的管理工具，也是约束政府机会主义行为、防范政府失灵的有力手段。建立科学的评估体系，规范评估流程，将内部评估与社会公众评估相结合，从公众满意度、成本、效益等方面对政府公共安全工作做出尽可能客观的评价，并根据评估结果，确定工作中的问题所在，增强公共安全工作的针对性和实效性，更加合理地配置和使用公共资源，降低行政成本，提高行政效能。

4.2.2.6　实现公共安全治理方式多样化

公共安全风险的多样化要求政府在公共安全治理中，必须综合采用多种治理方式。要充分发挥政治优势，依托基层组织，整合资源力量，形成党政动手、依靠群众、源头预防、综合施策化解矛盾新格局，完善协调联动工作体系，建立第三方参与矛盾化解机制，努力提升预防化解社会矛盾的能力和效果，第一时间发现矛盾纠纷，第一时间就地化解。要坚持维权与维稳相结合，进一步改革信访工作制度，建立健全畅通有序的诉求表达、矛盾调处、权益保障、心理干预机制，推动信访步入良性轨道。要坚守法律底线，强化法律在化解矛盾中的权威地位，保护合法、制止非法，不乱开口子和无原则迁就。要加强社会诚信体制建设，强化道德约束，规范社会行为，促使各行为主体自觉维护公共安全，要加强社会监督，坚持正确的舆论导向，营造全社会共同维护公共安全的良好氛围。

4.3　职业安全、公共安全的产权边界与"科斯三定理"

4.3.1　职业安全与企业产权边界

产权是经济所有制关系的法律表现形式。它包括财产的所有权、占有权、支配权、使用权、收益权和处置权。产权是与不同人对不同产品的占有以及市场交换活动紧密相连的，人们之间产生了经济资源的占有、使用、分配等权利的转让和交换行为。对财产各种权利的不同组合、结构和配置格局的规范化和法制化安排就是产权制度。有什么样的产权制度就会有什么样的组织、什么样的技术和什么样的效率。新制度经济学尤其是产权经济学的中心问题就是：只要存在交易费用，产权制度就对生产和资源配置产生影响。在市场交换中，若交易费用为零，那么产权对资源配置的效率就没有影响。反之，若交易费用大于零，那么产权的界定、转让及安排都将影响产出与资源配置的效率。

企业产权是以财产所有权为基础，反映投资主体对其财产权益、义务的法律形式。一般而言，企业产权就是企业（主要指投资主体或所有权人）对其资产所具有的权利和义务。职业安全是企业内部（私场所）的安全健康问题，其产权边界就应该是企业对与职业安全相关的企业各种财产和资源（人、财、物、信息等）的产权边界。具体而言，包括职业安全的财产权边界和行为权边界。

4.3.1.1　职业安全的财产权边界

企业要能有效使用其财产进行安全投入，开展职业安全活动，财产的所有权的归属必须是确定的且是唯一的。事实上，我国国有企业的财产权一直是不够清晰、不够确定的，在一定程度上存在所有者虚位问题，不是因为其是国有，而是因为没有一个明确的国有资产的终极所有权的代理人。因此，要明确职业安全的企业财产权边界，必须比较彻底地进行国有企业改革，指定明确的终极所有权代理人。这样，国有企业的职业安全问题才可能通过划定产权边界来界定责、权、利。否则，依然是政企不分，主要通过行政手段，层层传递行政命令和行政压力来实现安全生产，不能充分使用市场手段。当然，对于民营企业这不是问题。

4.3.1.2 职业安全的行为权边界

企业对职业安全的权、责、利关系界定清晰，即企业作为安全生产责任主体，既要行使自己的权利，履行自己的职责，同时也要使自己的利益得到保障，主要包括三个方面的涵义。

1. 明确界定企业对职业安全的权、责、利关系

在市场经济条件下，各经济主体之间的交易活动极为频繁，各经济主体在自己的所有权范围内行事时，由于两种所有权范围互有交叉，各自的权利界线不确定，出现双方的收益不确定，以致一方损害另一方的利益。在这种情况下，所有权的排他性和利益确定性被打破了，从而使得交易费用增加，交易难以进行，市场失灵，进而严重影响资源的有效配置和经济效率的提高。这样，就必须明晰产权关系，进行产权界定，也就是明确各经济主体在交易过程中的权利界线，建立起财产的排他性，以保护所有者的合法利益。

2. 明确界定所有者与经营者之间对职业安全的权、责、利关系

这就是目前在产权理论中讨论得较多的现代企业制度中的委托—代理关系，尤其是对于国有高危行业企业而言尤为重要。就所有者和经营者而言，关注双方的利益关系同等重要，当双方利益得到平衡时，经营者会从自身利益出发内生出约束机制来进行职业安全治理，使企业与安全生产有关的资源得到有效配置，从而达到提升职业安全水平的目的。我国国有企业的问题就在于所有权与经营权没有在实质上分开，两个权能均为政府兼任，所以从经营性竞争性领域退出的应该是政府的行政角色而非国有企业。国有企业进行股份制改革的目的并不是让国有退出变为非国有，而是利用股权多元化的权力制衡机制和激励机制完善公司治理结构，使财产的终极所有者的利益尽可能得到最大化的保证。

3. 明确界定经营者与经营者之间对于职业安全的权、责、利关系

现代大公司的特征之一是公司规模的扩大和经营领域或范围的扩大。扩大的方式或是横向联合或纵向一体化。由于跨行业、跨生产环节的急剧扩展，导致职业安全管理的复杂化。公司内部子公司与子公司之间、各部门之间存在着经济协作、交往关系，同时又存在着独立的利益关系，因此经营者和经营者之间产权的明确界定有利于降低交易成本，同时降低安全成本。

4.3.2　公共安全与政府产权边界

根据新制度经济学（主要是产权经济学）的观点，政府也可以视为市场经济体制中的一个主体，也是拥有产权的，政府的行为就成了市场经济系统的内生变量。政府产权是指依照一定的法律程序所赋予或规定的政府的职能、职责、相应的权力结构、掌控的国有财产等资源以及政府行为的权力边界。从财产的角度看，政府产权是财产归属于政府时所形成的一组权利，包括政府对财产的所有、支配、收益和处置的权利。任何制度下的政府都会拥有一定的产权，但在不同的社会经济制度下，政府产权会有不同的性质和特征，从而对政府职能和政府行为产生重要的影响。我国在经济体制的转型过程中，随着现代产权制度的逐步建立，政府产权也需要在制度上加以确定和明晰，以促进政府职能的进一步转变以及规范政府行为。众所周知，没有政府的社会是不能正常运转的，但是同时必须合理约束政府的权力。从新制度经济学（主要是产权经济学）的观点来看，合理设置和约束政府产权，也就是界定政府的产权边界，就能更好地发挥政府和市场的作用。

社会资源的有效利用及资源利用冲突的化解，需要确定权利主体及其权利。为了更好的配置和利用资源，维持资源利用的秩序，需要公权力的存在。但公权力的存在又不可避免地会侵蚀私权利。所以，人类社会的发展历史始终贯穿着对权力的创设和制约，即不断赋予政府以新的权力，又不断地对权力做出种种限制。不论是创设还是限制，一个重要途径就是对权力做出明确界定，以规范权力主体的行为。一般认为，政府拥有的是权力，组织和公民拥有的是权利。政府拥有的"公权力"和企业拥有的"私权利"之间有很大的区别。政府拥有产权的理由有二：一是由于政府的权力和社会中个体和企业的权利之间有共同的本质，都是人的行为选择，政府的任何行为选择均会不同程度地给个体和企业的

行为选择形成影响，彼此始终处于互动状态。

与"公共安全"相关的产权也是一种政府产权，是指依照《安全生产法》等法律法规所赋予或规定的政府对于安全生产的职能、职责、相应的权力结构、掌控的与安全生产相关的资源以及政府安全监管行为的权力边界。公共安全的政府产权更多地表现为与安全生产、灾害防控、职业健康和应急救援等领域相关的人、财、物、信息等资源，以及国家安全生产监管体制和架构，并最终体现出来的国家安全治理能力。实际上，相对于资本、土地、设备设施等资产形态的政府产权而言，与"公共安全"相关的政府产权更多地体现了一种政府承担的社会责任和公共义务。

因此，一般而言，公共安全具有公共产品属性，公共安全成本须由政府承担，但安全效益、安全福祉由全民共享。对与公共安全相关的政府产权界定得过大过宽，就会出现政府行为越位的状况，即政府承担的成本过大，公共安全投入过量，同时也会降低市场机制的作用，削弱企业对安全生产的主体作用，减少企业的安全投入、责任和义务。反之，对与公共安全相关的政府产权界定得过小过窄，就会出现政府行为缺位或不到位的状况看，即政府安全投入不足，安全监管涣散，不能保质保量地提供公共安全产品。可见，对于与公共安全相关的政府产权界定是十分必要的。

4.3.2.1　政府内生动力

如果安全生产问题始终得不到解决或者缓解，就会影响人民安居乐业、社会和谐稳定，影响政府的形象和公信力。因此，政府有自发的动力划定对安全生产问题的责任，即明确与公共安全相关的政府产权边界。

4.3.2.2　社会个体诉求

社会个体诉求是指社会个体（含企业）对公共安全产品的需求以及对政府的监督和要求，导致政府必须履行职能，提供优质的公共安全产品，降低社会安全风险，制定安全发展战略，建设安全保障型社会。

4.3.2.3　政府竞争压力

政府竞争压力含以下三个层面的意思：

（1）政府内部的竞争，指的是政府内部的工作人员面临着被别人替代的竞争压力，同时也存在替代别人的意愿，这里的"替代"指的是职位的升迁、待遇的提升等向好的方向发展。如果一个安全生产监管部门的官员能力不足，就有可能被其他人所替代。

（2）地方政府间的竞争。地方政府领导人为了责任、政绩、形象和自身利益，会在安全生产领域形成竞争和赶超，安全生产形势好的地方政府容易获得中央政府或上级政府的表彰，其领导人容易得到升迁的机会。

（3）政府间的国际竞争。由于互联网的发展，各国公民获得国内外信息进行比较更加容易。人们会不自觉地将本国政府的安全政策和措施、公共安全产品的提供与国外政府的行为进行比较，并对本国政府的行为做出评判，并向本国政府提出安全政策改变或制度完善的诉求。各国政府为了执政基础、支持率、国家形象等原因，也会努力加大国内公共安全产品的提供，提升公共安全治理水平。

与公共安全相关的政府产权边界约束来源有二：①公共安全治理正式制度的规范。包括安全生产法律法规、执政党的安全生产政策（经济政策、社会政策、行政命令等）以及政府和企业、政府和公民的安全契约等；②公共安全治理非正式制度的约束。包括安全生产意识形态（如安全发展观）、安全习惯、安全伦理道德规范、安全文化等。二者一硬一软，它们之间的良性互动与耦合、发挥协同作用是完善与公共安全相关的政府产权边界约束制度架构的最佳选择。

4.3.3 "科斯三定理"与安全的产权边界

为什么要划分边界？其原因是要将责权利对等起来。如何对等，本质是划分产权，在安全领域就是政府和企业对安全的"产权（责、权、利）"。产权不明确，安全的主体责任就不清晰，就会出现无人负责的局面。

"科斯三定理"是新制度经济学中表述产权、交易费用和外部性的重要论断，下面结合这一组定理对安全的产权边界进行简要分析。

4.3.3.1 "科斯第一定理"与安全的产权边界

"科斯第一定理"即：在交易费用为零的情况下，产权的初始界定并不重要。也就是说，在交易费用为零的世界中，政府只要清楚完整地把产权界定给一方或另一方，并允许他们把这些权利用于交易，就可以通过市场机制有效率地解决外在性的问题。

结合安全的产权边界问题来看，在"科斯第一定理"即没有交易费用的状态下，安全的外部性可以通过政府和企业的谈判而得到纠正，从而达到社会安全福祉最大化。换言之，只要与安全相关的"产权"是明确的，并且假设交易成本为零，那么无论在开始时将产权赋予政府还是企业，市场均衡的最终结果都是有效率的，能够实现安全资源配置的帕累托最优。这里，政府和企业都可以视为普通的市场主体，只不过提供的安全产品性质不同而已。

4.3.3.2 "科斯第二定理"与安全的产权边界

"科斯第二定理"即：当交易费用为正时，产权的初始界定有利于提高效率。一旦考虑到进行市场交易的费用，产权的初始界定就会对经济制度运行的效率产生影响。既然产权的初始安排将影响到社会福利，因此提供较大社会福利的产权安排就较优。这样看来，在选择把全部可交易的产权界定给一方或另一方时，政府应该把权利界定给最终导致社会福利最大化或社会福利损失最小化的一方。一旦初始产权得到界定，仍有可能通过交易来提高社会福利，即有帕累托改善的空间。

结合安全的产权边界问题来看，在"科斯第二定理"即交易费用为正的状态下，与安全相关的产权是赋予政府还是赋予企业，或者是以合适的比例一部分赋予政府、一部分赋予企业，取决于那种产权界定的社会安全福祉最大化。如果与安全相关的产权已经做出了安排和界定，那么通过调整产权边界、进行产权交易可以实现帕累托改善和提高社会安全福祉。

4.3.3.3 "科斯第三定理"与安全的产权边界

"科斯第三定理"即：通过政府来较为准确地界定初始产权，将优于私人之间通过交易来纠正产权的初始配置。在交易费用大于零的情况下，产权的清晰界定将有助于降低人们在交易过程中的费用，改进经济效率。换言之，如果存在交易成本，没有产权的界定与保护等规则，即没有产权制度，则产权的交易与经济效率的改进就难以展开。实质上，在交易费用大于零的世界里，如果政府选择了某种最优的产权初始安排，那么，经济主体间的纠正交易将变得没有必要，纠正性交易费用就能得到节约。

结合安全的产权边界问题来看，在"科斯第三定理"即交易费用为正并且政府准确界定与安全相关的产权的状态下，政府和企业之间、企业与企业之间无须再进行市场交易，社会安全福祉已经实现最大化，已经达到帕累托最优。如果非要进行交易，将提高交易费用，使社会安全福祉降低。换言之，政府对与安全相关的初始产权的界定十分重要，直接影响安全绩效和社会安全福祉。

4.4　职业安全、公共安全的成本边界

社会安全总成本（social total safety cost，STSC）可以视为职业安全成本（occupational safety cost，OSC）与公共安全成本（public safety cost，PSC）之和。职业安全成本主要由企业承担，公共安全成本主要由政府承担。

4.4.1　职业安全成本

职业安全成本是企业为了防止事故发生，保证生产能够安全顺利进行而支付的费用和由于职业安全出现问题而承担的损失。

基于作业成本法的核算思想，根据企业职业安全管理作业过程的安全预防作业、安全检鉴作业、安全整改作业和事故处理作业的分类，将职业安全成本依次分为职业安全预防成本、职业安全检鉴成本、职业安全整改成本和职业安全失败成本。其中职业安全预防成本、职业安全检鉴成本和职业安全整改成本是为企业职业安全控制作业而发生的成本，统称为职业安全控制成本（或称安全投资、主动成本）；企业控制作业失败，进行事故处理的失败作业发生的成本，称为职业安全失败成本（或称事故损失、被动成本）。

4.4.1.1　职业安全控制成本

1. 职业安全预防成本

安全预防成本是指为预防企业生产经营过程中事故（或危害事件）的发生所需的各项费用，常见的例子有生产安全事故、流行病、职业伤害的预防以及设计阶段预先考虑的安全措施所发生的支出。具体包括安全管理培训费用、灾害预防费用、劳动保护费、安全监测费、安全奖金、安全项目设计费用、防疫经费、用于事故救护与急救的设施建设费、应急预防与准备费用、其他费用等。

2. 职业安全检鉴成本

安全检鉴成本是指为确保企业安全生产所进行的安全检查、评估、鉴定所需的各项费用。检查作业的目的为了对整个生产工作过程进行有效的监控，及时发现存在的问题，从而达到减少安全隐患。包括安全生

产检查费用、安全评价费用（不包括新建、改建、扩建项目安全评价）、安全咨询费用等。

3．职业安全整改成本

是安全检查过程中对于发现的安全隐患，被责令进行整改而发生的成本。包括整改作业支出和停工整改而发生的停工损失等。

4.4.1.2　职业安全失败成本

失败成本在安全上表现出来的就是被动投入，就是因为安全问题或安全水平而影响生产而产生的损失，是企业为处理事故而被迫的投入，这种投入具有一定的不可控性，它包括企业内部损失成本和外部损失成本。

1．企业内部损失成本

这种成本是指企业因管理不善而发生的企业内部的各类事故损失，即由于安全问题使企业内部引起的停工损失和安全事故本身造成的损失。具体包括：①设施装置损失费，安全防护用品、设施、装置丢失、失效后重新设置或维修发生的费用；②停工损失费，由于安全事故导致工程停工发生的各项损失费用；③事故分析处理费，由于处理有关伤亡事故和设备事故而支付的费用。如人员死亡所支出的费用、善后处理费用、财产损失价值；④返工损失费，安全防护装置不安全而返工发生的费用；⑤复检费用，对返工后的安全防护设施装置进行重新检验所支付的费用；⑥恢复生产费用，企业为恢复生产外购或修理设备、外购材料、重建或修复生产系统等对外支出的费用。

2．企业外部损失成本

这种成本是指因安全问题引起的发生在企业外部的损失和影响。即出现因企业外部责任或企业自身责任而在企业外部发生的各类事故赔偿、保险、罚款等损失，其构成了企业外部损失成本。具体包括：①赔偿费用，由于安全隐患或事故导致周围各方提出申诉而进行索赔处理所支出的；②诉讼费，由于安全事故问题而发生争议，导致诉讼发生的费用；③罚款，由于安全防护与管理不到位等原因致使上级部门签发的罚款；④维修费，由于施工造成周围人员和环境的不安全而用于维修或补偿的费用；⑤无形损失，事故所造成的无形损失对企业内部劳动关系、商誉和形象的影响，以及对与之相关的市场和发展机遇的影响等。

综上：

$$OSC = C_1 + C_2 = C_{11} + C_{12} + C_{13} + C_{21} + C_{22} \qquad (4.1)$$

式中：OSC 为职业安全成本；C_1 为职业安全控制成本（安全投资）；C_2 为职业安全失败成本（事故损失）；C_{11}、C_{12}、C_{13} 分别为职业安全预防成本、职业安全检鉴成本、职业安全整改成本；C_{21}、C_{22} 分别为企业内部损失、企业外部损失。

显然，随着职业安全控制成本（主动安全投资）增加，职业安全失败成本（事故损失）降低。只要失败成本的减少大于控制成本的增加，理智企业的经营管理者就会选择进一步提高在安全预防、检查和整改方面的成本投入；而当职业安全控制成本的增加量都会大于职业安全失败成本的相应降低量时，理智企业的经营管理者不会选择继续增加控制成本的投入。当边际职业安全控制成本 MC_1 与边际职业安全失败成本 MC_2 的绝对值相等时，职业安全总成本的边际量为零，总的职业安全成本处于最优水平点，该点也就是是职业安全控制成本与职业安全失败成本的最优平衡点。从企业经营者理性决策角度看，该点代表着企业可接受的最好职业安全水平。这是一个理性企业应当追求的理想安全状态，该状态能使企业保证职业安全成本最小时，达到最优的安全水平。在这一最优状态，

$$\frac{\mathrm{d}OSC}{\mathrm{d}S} = \frac{\mathrm{d}C_1}{\mathrm{d}S} + \frac{\mathrm{d}C_2}{\mathrm{d}S} = 0 \qquad (4.2)$$

$$|MC_1| = |MC_2| \qquad (4.3)$$

4.4.2　公共安全成本

公共安全成本是政府为了防止公共安全事件（包括自然灾害、生产事故、公共卫生事件、社会治安事件等）的发生，给经济社会和公民以安全保障而支付的费用和由于公共安全出现问题和事故而承担的损失。

和职业安全成本一样，公共安全成本也可以分为公共安全控制成本和公共安全失败成本。公共安全控制成本又叫公共安全投入；公共安全失败成本又叫公共安全损失。这也是从一正一负两个方面来讲的。

4.4.2.1　公共安全控制成本

具体而言，公共安全控制成本包括下述类别：

（1）直接公共安全成本。这种成本即政府对企业的直接财政补贴，包括以下方面：

1）安全技术改造投资。政府采取财政补贴或贴息贷款的方式，鼓励和支持企业进行安全技术改造和装备升级。

2）安全科学理论研究专项资金投入。政府对安全科学理论研究工作单独列项，投入专项经费大力资助。还应投入经费，积极组织安全生产技术研究，开发新技术，引进国际先进的安全生产科技。积极组织重大安全技术攻关，研究制定行业安全技术标准、规范，积极开展国际安全技术交流等。

3）建立公共安全处置和应急救援机构并负担事故救援费用。对于公共安全处置和应急救援机构和队伍，由政府出资组建并维持其运行。

4）对关闭小煤矿等高危行业企业给予专项补贴。中央财政拿出专项经费，对小煤矿等高危行业企业给予专项的财政补贴，使其退出生产领域。

5）安全监管监察工作经费投入。加大安全监察工作经费的财政投入，稳定安监队伍，提高安全监察监管能力和水平。

（2）间接公共安全成本。这种成本即政府通过经济、法律和社会政策进行安全投入，包括以下方面：

1）完善安全费用计提的财政税收政策。各地方政府根据实际情况，科学评估和合理制定安全费用计提标准。各地各企业，尤其是生产环境和条件差异并非太大的，差异不应过大。但是对于生产环境和条件差的地区和企业可以特殊给予提取标准的要求。对于高风险企业给予特惠政策，如对这些企业采取所得税抵免或加计扣除的方式给予特惠，以解决企业资金投入不足和资金紧张的问题。

2）完善安全专用设备企业所得税优惠目录范围。扩大安全设备优惠目录项目范围，尤其是涉及安全生产的新技术、新设备的项目，同时加大所得税优惠力度。

3）支持企业加大安全宣教培训投入所得税优惠政策。企业所得税方面，提高企业职工安全培训支出的限额标准；个人所得税方面，针对高危行业企业职工给予特别优惠，允许扣除安全特殊津贴和风险抵押金的奖金后再行计税。

4）明确企业安全责任险的财政税收政策。在税收政策上出台政策给予高危行业企业和保险公司优惠政策，如对按时按量参加工伤保险、企业安全责任险的企业，在一定时期内保障未发生相关安全事故的可以给予一定保费返还并允许不计入所得税应税所得；对于积极良好参与提供安全责任险等的商业保险机构，其提供的相关安全保险险种的保费收入可以减免所得税等。

5）国债投入拉动及配套政策。结合行业特点和历史沿革，采取适当的国债拉动和配套政策。

6）安全生产风险抵押金政策等。结合地区和行业特点，实施安全生产风险抵押金政策和相关措施。

4.4.2.2 公共安全失败成本

公共安全失败成本是在政府在公共安全灾害和事故上的被动投入，就是公共安全问题造成的损失和为处理事故、灾害而被迫进行的公共投入。

用数学公式表达如下：

$$PSC = C_3 + C_4 = C_{31} + C_{32} + C_4 \tag{4.4}$$

式中：PSC 为公共安全成本；C_3 为公共安全控制成本（安全投资）；C_4 为公共安全失败成本（事故灾害损失）；C_{31} 为直接公共安全成本；C_{32} 为间接公共安全成本。

同理，公共安全成本也有类似于职业安全成本的规律，即当边际公共安全控制成本 MC_3 与边际公共安全失败成本 MC_4 的绝对值相等时，公共安全总成本的边际量为零，总的公共安全成本处于最优水平点。如式（4.5）和式（4.6）。

$$\frac{dPSC}{dS} = \frac{dC_3}{dS} + \frac{dC_4}{dS} = 0 \tag{4.5}$$

$$|MC_3| = |MC_4| \tag{4.6}$$

4.4.3 社会安全总成本、职业安全成本、公共安全成本的关系

由于用于安全的社会资源是有限的，因此对职业安全和公共安全的资源配置应符合经济学的资源有限性假设和理性人假设，要精打细算考虑安全成本。这里社会安全总成本（TSC）等于职业安全成本和公共安全成本之和：

$$TSC = OSC + PSC \tag{4.7}$$

根据边际理论，要使社会安全总成本最小，边际社会安全成本应为0，即

$$\frac{dTSC}{dS} = \frac{dOSC}{dS} + \frac{dPSC}{dS} = 0 \tag{4.8}$$

$$|MOSC| = |MPSC| \qquad (4.9)$$

式中：$MOSC$ 为边际职业安全成本（marginal occupational safety cost）；$MPSC$ 为边际公共安全成本（marginal public safety cost）。

最优状态是边际职业安全成本等于边际公共安全成本的绝对值，即职业安全和公共安全的最优成本边界。换言之，要实现社会安全总成本最低，其充要条件和社会状态是：当职业安全提高 1 个单位所消耗的社会资源（成本）等于公共安全降低 1 个单位消耗的社会资源（成本）时，用于安全的社会资源配置帕累托最优。

第 5 章

职业安全、公共安全的转换机理

本章对职业安全、公共安全的转换机理进行了探讨。职业安全和公共安全存在同质性和"最大公约数",是转换的理论前提。职业安全领域的市场失灵与公共安全领域的政府失灵是转换的现实需求。转换的目的是实现社会安全福祉（效用）最大化。转换有两种类型：一种是职业安全向公共安全转换；另一种是公共安全向职业安全转换。转换时机是：当职业安全领域出现市场失灵情况时，可以推动职业安全向公共安全转换；当公共安全领域出现政府失灵情况时，可以推动公共安全向职业安全转换。驱动力包含行政手段和市场手段。转换的途径是 B 途径和 P 途径。最后对安全产品供求和转换进行了数学分析，包括社会安全无差异曲线与边际安全替代率、安全可能性边界与边际安全转换率，当边际安全替代率等于边际安全转换率时，社会安全福祉（效用）最大化。

5.1 转换的理论前提——职业安全和公共安全存在同质性和"最大公约数"

职业安全与公共安全相互转换的理论前提是二者在内涵上存在同质

性（或曰共性），在某个层面上有共同的评价标准。无论是 safety 还是 security；无论是生产安全、灾害防控、公共卫生、职业健康、应急救援，还是社会安全、国防安全、环境安全、交通安全；无论是人身安全，还是财产安全、情感安全等，都找到了最大公约数，找到了"安全"这个概念在本质上最一般、最类同的东西。

职业安全与公共安全的同质性体现在下述方面：

（1）职业安全与公共安全关注的都是人的安全与健康问题（客体），都是从人本的观点审视安全领域的社会现实。

（2）职业安全与公共安全都具备公共性。公共安全具有公共品属性，是公共产品；职业安全具有准公共品属性，是准公共产品。

（3）职业安全与公共安全的要素基本是一致的。职业安全的要素是人、机、环、管，公共安全的要素也是人、机、环、管。可能要素的涵义略有差异，但是基本一致，尤其是人都是其中最重要的因素。

（4）职业安全与公共安全都是坚持安全发展观、实施安全发展战略、构建安全保障型社会的重要领域和组成部分。安全发展观下，职业安全与公共安全都要安全发展、科学发展、可持续发展，推动安全治理体系和能力现代化，是社会管理的重要领域和关键领域。

总之，职业安全与公共安全具有一定的共性，即同质性，存在"最大公约数"，也就从理论前提上具备了相互转换的可能性和可行性。

5.2 转换的现实需求——职业安全领域的市场失灵与公共安全领域的政府失灵

一般地，对于职业安全而言，是企业治理"私"场所的安全和健康问题，主要靠市场手段和 B 途径即可解决。对于公共安全而言，是政府治理"公"场所的安全和健康问题，主要靠行政手段和 P 途径即可解决。但是，由于在职业安全领域存在市场失灵以及在公共安全领域存在政府失灵现象，因此二者之间需要相互补充和转换，这是安全生产领域社会管理的现实需求。

5.2.1 职业安全领域的市场失灵

市场失灵是指市场无法有效率地生产、交换、分配和消费商品和劳务，或市场机制出现紊乱、不能发挥完全作用的情况。在职业安全领域存在较为严重的市场失灵现象，削弱了市场手段作为"看不见的手"对与安全相关的社会资源的配置作用。

5.2.1.1 市场经济对职业安全管理的影响

与计划经济体制相比，市场经济体制下的安全生产环境发生了显著变化，对职业安全工作的影响主要表现在以下几个方面。

1. 企业的变化

从计划经济向市场经济转变，对企业的影响是最为深刻的，企业发生的变化是巨大的。在建立健全"产权清晰，权责明确，政企分开，管理科学"的现代企业制度的同时，也给职业安全管理工作带来了许多新问题。

第一，企业由政府的附属物变为独立的经济实体。企业以市场为导向、以利润为目标，依法自主决策、自主经营，自己承担经营的后果。政府再也没有理由、没有权力对企业的组织结构、资金使用、管理方式、内部责任划分等事务指手画脚，也不应该借计划经济体制下形成的一些陈旧的规章制度来削弱企业的自主权。例如，政府虽然对安全责任、安全费用、安全规章、安全机构、安全人员有一定的规定；但是并不能够直接命令企业每年进行多少安全投入，设立多少人的安全机构、委任什么样的职务、设置不设置安全管理和应急救援队伍，企业内部哪一级管理者对安全生产负什么样的责任等等。这些都是企业的内部事务，应由企业根据生产经营和安全生产的实际，按照效益和效率目标自主决定。

第二，企业形式的多样化。所有制形式的多样化、企业组织形式的多样化、经营规模和人员数量的多样化、经营产业的多样化、经营方式的多样化以及同一企业经营业务的多样化，都是我国现阶段社会主义市场经济的重要特征。面对如此众多形式的企业，政府不可能统一规定、甚至不可能分门别类地规定，企业应该设立什么样的机构、什么样的岗位负责安全生产，股东大会、董事会、董事长、总经理、总工程师、部门经理、车间主任、班组长对安全生产负什么责任，也不可能要求不同形式的企业有同样的安全生产制度和措施。

第三，企业间的竞争与其兴衰变化难测。科学技术的飞速发展带动产业的快速更替和兴衰，激烈的市场竞争促使企业快速生长或消亡，即存在企业寿命的"流星雨"现象。面对如此迅猛的变化，政府若按照传统模式企图将安全生产监督管理渗透于每一个企业和企业生产经营的每一个环节，是不可能、不现实的。且不说增加巨额的政府行政成本，就是企业也受不了如此事无巨细的安全管理。而对于数量众多、经营业务五花八门的企业，政府的监督检查能涉及多少企业，监督检查能否抓住要害企业和企业的要害环节，监督检查人员又能熟悉多少业务，是难以确定和把握的。

此外，生产的自由化、市场化，使与安全生产相关的设备设施和物质资料品种繁多、良莠混杂，也给安全生产及其管理带来了新问题，也有相当一部分是政府安全监管的触角所不及的地方。

2. 政府与企业关系的变化

计划经济时代的企业主要是大中型国有企业和集体企业，这些企业均隶属于不同的政府部门。国家安全生产的有关法律、法规、政策能够通过相关的政府部门直接向企业传达，并通过行政手段组织企业贯彻执行。如今，政府不再直接管理企业，行业部门没有了，种类繁杂、数量众多的企业如何及时了解、掌握、贯彻国家的法律、法规、政策成为一个严峻的问题。

此外，精简的政府部门既没有能力、也没有精力为众多行业不同、规模不同、经营业务千差万别的企业制定科学合理的安全生产指标，也没有手段层层分解落实、层层考核，进行微观层面的安全检查。总之，下达安全生产考核指标的办法已行不通了。

对企业负责人进行行政处分的办法是行之有效的；对非公有制企业作用不大。有些地区对煤炭业实施"国进民退"和资源整合，将部分非公有制煤矿兼并、重组和整合到国有大型煤炭企业中来，从而可采取一定的行政激励和处罚的方法对安全生产起到积极作用。

3. 用工制度的变化

职业安全治理必须"以人为本"，因此我们应该十分关注用工制度对职业安全的影响。随着工业化的步伐，大批的农民拥向城里、进入工矿企业。他们在面对机械化大生产的节奏、对分工协作所要求的严格的组织纪律还不适应，甚至对所从事职业所必需的知识和技能还知之不多的情况下，充当了工人。他们对所从事的职业中隐藏着的危险知之甚少，也不十分知晓规章制度意味着什么，这给企业的安全生产增加了难度，给伤亡事故留下了重大隐患。比如在广东省的一次煤矿事故中，一名农民轮换工第一天入职，第二天短暂培训，第三天下井就碰到了瓦斯突出事故，再也没有上来。

　　再者，市场经济中几乎再也没有稳定的终身职业。大部分人一生中都要变换几次职业，有的变换频率很高，不仅换职业，而且换企业、换地域。每一次职业变换都需要新的知识、新的技能，都要经过从不熟悉到熟悉、从不适应到适应的过程。这一过程必然成为安全生产工作必须重视的环节，也是对安全教育培训、安全产品和服务供给的重要挑战。

　　此外，企业不断采用新技术、新工艺、新材料、新设备，生产新产品，都需要职工安全知识与技能的更新，与职业变换对安全生产有相同的影响。上述种种表现，都给职业安全领域的市场失灵提供了经济大环境的土壤。

5.2.1.2　职业安全领域市场失灵的表现

　　市场经济靠供求规律、价格机制和"看不见的手"调控经济行为，促使人们解放思想、更新观念、打破铁饭碗、提高竞争和效率意识，促使企业建立现代企业制度、追求经济效益、创造财富、承担社会责任。这毋庸置疑给企业加强职业安全治理带来了新机遇，对安全生产有积极作用。然而，也应看到，由计划经济转为市场经济，不仅影响着人们的经济生活，同时也影响着人们的价值观念和思维方式，不可避免地给企业安全生产和政府安全监管带来新问题和新挑战，甚至出现较为严重的市场失灵现象，比如不少企业看重短期利益而没有动力对安全生产进行一定的投入，以及诸多安全不诚信现象，甚至是所谓"官商勾结""封口费"等腐败现象。换言之，市场手段不能完全调控职业安全活动，对职业安全只起有限的积极作用，有时甚至是负面作用，即在各行业尤其是高危行业的职业安全领域存在市场失灵现象，主要表现在以下几个方面。

　　1. 企业内部从业者对职业安全工作不够重视

　　第一，领导者重生产、轻安全。从企业活动行为的自主性来看，企业领导者易产生重生产"一边倒"的错误意识，忽视安全生产。在市场经济条件下，企业是生产经营的主体，自主经营、自负盈亏、自我约束、自我发展，自主开展生产经营活动。这就要求企业领导者以最低的成本去谋求最大的效益。他们考虑得较多的是生产、经营、效益、利润等，这些"硬"性指标迫使他们去拼搏、去奋斗、去竞争，从而使企业的自身活动符合市场经济的要求，尽最大的努力去占领市场。在生产任务、经济效益和市场竞争的重荷面前，领导者容易忽视职业安全工作。实际上这里有个重要原因就是安全投入效益的滞后性，安全对效益的影响是"负负得正"。安全投入往往需要不菲的费用，占用一定成本，但是取得的效益却并不一定立竿见影。只有到了发生事故的时候，企业领导者才会大呼后悔，才能体会出安全投入和安全效益的重要性。

第二，管理者重眼前、轻长远。从企业生存发展的竞争性来看，管理者易于重眼前的影响，忽略具有长远效益的职业安全工作。竞争是市场经济的基本属性和特征，要使企业在竞争中求生存和发展，占领市场和立于不败之地，企业必须广开门路，向生产的深度和广度进军。但是，当原有设备达不到现行的生产规模，现有的职业环境跟不上实际生产能力，已有的事故隐患未发现或已发现未整改仍带"病"操作，超能力生产导致安全装备和设施跟不上产能，或操作新工艺已付诸实施而有关安全规程尚未及时配套、无章可循时，不少管理者急功近利，把保障职工在生产劳动中的安全与健康置之度外，有关劳动保护政策、法规和安全管理制度等成了一纸空文。当然，他们的主观愿望和出发动机是为了企业的生存和发展，在诸多压力面前，侥幸心理代替了科学管理，潜在的事故隐患也会随之而来。更要紧的是，长时间靠侥幸心理支撑，就会放弃思想上的安全弦。在市场经济条件下，如果市场竞争是由血的教训和昂贵的事故费用为代价的，那么这个企业竞争的后劲必然会被事故的损失所抵消，其结果必然是在竞争中被淘汰。实际上，安全生产能力和市场营销能力、产品研发能力、物流能力、品牌或名牌等有可能被打造为企业的核心竞争能力，这是具有战略性、长远性和可持续性的。"不谋全局者，不足谋一地；不谋万世者，不足谋一时。"如果认识不到这一点，企业就不能实现安全发展、科学发展、可持续发展，正常的生产秩序很有可能被随时可能发生的事故打断。这时，何谈效率，何谈效果，何谈效益？

第三，操作者重经验、轻科学。从经济利益的功利性来看，操作者对职业安全易重经验而忽视科学。在市场经济运行的过程中，企业的经济效益是与职工的工作效率密切相关的。处在安全生产第一线的操作者，在多种利益的驱动下，在一定程度上会按经验行事。这些人虽非有章不循，但就其实际行为而言，或是因与经济利益挂钩的考核，或是为了某项任务、指标的完成兑现而违背了安全操作规程，把事故的火苗留在自己的身边。靠经验行事迟早必然要受到惩罚，隐患潜伏在操作者身边随时会诱发事故。在英文中，经验管理是"rule of thumb"，即用大拇指规范、管理的意思，类似于我们开玩笑时说的"用脚趾头想想"的意思。这样的管理显然不科学、不合理、不符合安全规程、易于引发"人的不安全行为"和"物的不安全状态"，最终导致事故的发生。

总之，市场经济的激励机制尚不能完全使企业内部的领导者、管理者和劳动者这些从业人员的安全生产工作转化为自觉的行动，从而产生了职业安全领域的市场失灵现象，需要政府履行相应公共安全治理和监管职责，发挥重要作用。

2. 企业的职业安全投入存在突出问题

第一，企业对职业安全投入不足、安全装备水平低。由于历史原因，企业尤其是高危行业企业安全投入差别很大。一些国有大型企业安全欠账严重，地方国有企业安全欠账问题更为突出，企业技术和安全保障水平较低，抵御事故灾害的能力较差。

第二，企业对职业安全科技投入少、水平低，重大灾害预防与治理关键技术亟待解决。我国企业安全科研基础设施不健全，安全科技力量分散、流失严重，安全科技投入严重不足，至今尚未建立起较完善的企业安全生产科技支撑体系；企业安全技术落后，安全科技成果推广转化率低，企业安全科技自主创新能力较弱；企业安全生产技术标准规范不能满足安全生产发展的需求。企业安全基础理论研究滞后于安全生产实践，重点事故及灾害防治如煤矿瓦斯水害等亟待攻关。

第三，企业安全法规标准体系不健全，企业安全生产技术标准、规范、规程不能完全适应企业现代化安全生产的要求，亟须全面系统修改。

总之，企业对于职业安全投入缺乏主动性和积极性，同时安全历史遗留问题和安全欠账也不容易消化。

3. 企业安全诚信存在突出问题

安全生产诚信要求企业在生产经营活动中，为实现安全生产的目的，保障人员安全健康和财产不受损害，在安全制度、安全管理、安全文化、安全投入、事故处理和应急救援等方面，对企业内部人员、政府监管监察部门、新闻媒体和社会公众公开透明、诚实守信。

企业安全诚信缺失，主要表现为：一些企业违法违规生产经营行为屡禁不止，安全思想意识淡薄，安全生产责任不落实，安全生产机制不健全，安全管理制度不完善，安全教育培训不到位，从业人员安全知识和技能薄弱，"三违"现象严重，安全投入不足，安全设施装备更新迟滞，安全科学技术落后，安全承诺不兑现，偷生产和超生产能力现象严重，弄虚作假严重，谎报、瞒报事故的现象时有发生等。凡此种种，归结为一点，即没有按照正确的要求去做正确的事，也就是企业安全失信，这已成为事故尤其是重特大事故频发的主要原因之一。

4. 企业安全外部性问题较为严重

安全投资是企业在生产过程中对安全设备设施的购置与建造、人员的安全教育培训等方面的投资。在企业生产经营活动中，如果缺乏必要的安全投资，则会大概率导致事故发生。事故发生后，一方面会造成诸如生产设施损毁、生产停工等损失，另一方面会导致人员的伤亡，这也是一种巨大的损失。安全损失有私人损失和社会损失之分。私人损失是企业所有者在事故发生后所需承担的各种损失，主要由企业生产设施设备损毁引发的资产损失与停工损失、人员伤亡引发的赔偿损失构成。社会损失是事故给社会所造成的损失，主要由两部分构成，一部分是企业生产设施设备损毁引发的资产损失与停工损失，这部分损失由企业所有者承担，构成私人损失的一个内容；另一部分是人员伤亡给其家庭成员造成的经济损失及精神损失，对于这部分社会损失，其中的一定比例会以企业所有者向人员家属支付赔偿金的形式由企业所有者承担，成为私人损失的一个构成内容，但在完全的市场机制条件下，由于家属与企业所有者相比处于相对弱势的地位，事故发生后企业所有者所支付的赔偿金往往不能完全补偿人员伤亡给其家庭成员造成的经济损失及精神损失，也就是说，企业所有者不会完全承担这部分社会损失，这就导致了事故的社会损失大于私人损失的情况出现。或者还有一种情况，如一危险化学品企业有害物质泄露到厂区以外，给当地人们的安全和健康造成了不良影响，对人们心理也造成了一定的恐慌，但企业却没有支付这部门损失，像有些环境问题一样，形成了社会损失大于私人损失的情况。也就是企业事故和不安全行为存在负的外部性，即外部不经济。

当然也会出现安全的正外部性即外部经济现象。由于在企业生产中增加安全投资可以在一种程度上避免事故的发生或减少事故发生的概率，进而避免或减少损失的发生，因而安全投资就是一种能够带来收益的经济活动，这一收益就是所能避免的损失。与损失相对应，安全投资的收益可以分为私人收益和社会收益。私人收益即企业所有者收益，是企业所有者进行安全投资所带来的私人损失的减少。社会收益则是企业所有者进行安全投资带来的社会损失的减少。由于事故发生后导致的私人损失小于社会损失，因而企业安全投资的边际私人收益小于边际社会收益，这就意味着煤矿安全投资存在外部经济性。又比如，某企业对职工的安全培训教育十分到位，不仅使企业自身安全程度高，具有高安全素质和能力的职工也会对其家属和朋友进行一定的安全教育，提高他人的安全素质和能力，对社会产生了正的外部性，即外部经济。

可见，企业的安全生产会导致外部性问题，主要是负的外部性即外部不经济现象。这实质上是市场失灵的重要体现，需要通过政府安全监管使安全外部性内在化，减少外部不经济现象。

总之，在职业安全领域，由于企业生产经营的目的是实现利润或所有者权益最大化，因此往往存在"重生产、轻安全"的现象，不惜以牺牲安全为代价来追求产量和利润，这样的做法无法保障职业安全与健康，不能降低事故风险，不能组织资源进行应急救援。因此，在职业安全领域存在市场失灵现象，需要政府介入，将部分职业安全产品转换为公共安全产品而由政府提供。

5.2.2　公共安全领域的政府失灵

政府失灵是指政府调控和监管无效或低效，不能提供合格的公共产品。

5.2.2.1　公共安全领域政府失灵的原因

1. 政府的组织结构在一定程度上不利于公共安全信息的传导

政府的机构设置是"金字塔"式结构，以适应政出一门和领导负责制的组织原则。然而正是这种结构，在一定程度上阻碍了各种安全生产信息的及时传输和公共安全管理政策、措施和行政命令的及时下达。在经济社会运行中，各种安全生产信息瞬息万变，政府在对公共安全问题进行宏观调控和治理的过程中，必须掌握及时准确的信息才能做出正确的决策。然而，公共安全信息通过各级机关层层审批最后递交到决策者手里，一般需要一个较长的过程。而这时信息的准确度，在复杂多变的市场环境中已经大打折扣；同时，政府决策者通过各级机构把自己的决策落实到公共安全治理的具体环节，中间也需要一个较为复杂的程序。从上至下的公共安全决策信息传输途径使得公共安全政策并不一定能够及时地发挥作用。

2. 政府超脱于市场的地位使其部分丧失了调控公共安全问题的有效性

政府进行宏观调控的过程是站在市场之上的，并没有直接深入市场中对出现混乱的环节进行调控，而是通过财政政策、货币政策、福利政策和再分配政策等手段对整个国民经济肌体进行间接调控。通过公共安全政策的持久效果和扫除各种外部障碍来引导公共安全走向正规。然而，政府对于公共安全问题调控和治理的力度和幅度，以及调控的时间的把握却是非常困难的，往往会出现调控力度过大或过小的问题而影响公共安全活动的效果。同时，由于政府并没有直接参加到经济运行之中，其对于经济运行中的公共安全问题的敏感程度就会相应减弱，不利于政府及时发现安全问题，这就从一个方面决定了政府很难提出有效的具有前瞻性的指导意见，因此政府的调控多是事后调控，造成了资源的极大浪费，也给调控增加了难度，同时，也增加了政府公共安全政策失败的可能性。

3. 政府的行政效能有时不高

政府属于行政机构，而并非纯粹的经济组织，其活动原则和机构构成必然要适应处理大量行政事务的需要，而并非仅仅为了适应公共安全治理的职能。这种行政化作风也必然会渗透到政府管理公共安全的活动中，例如，行政审批的低效率，日常工作的程式化缺少灵活性，以及处理问题时层层请示的制度等。这些工作方式是在日常行政事务的处理中逐步形成的，然而却与公共安全活动高效、及时的要求相背离。政府机构的这种工作方式，易导致低效率和滞后性等一系列问题，使政府的公共安全调控和治理行为丧失时效性。同时，政府首要关心的是公共安全的眼前效果，而对于调控和治理行为长期的以及隐性的影响，政府却没有精力去评估。直到某项公共安全政策的负面影响集中发挥作用，政府才会反思其最初的正确性。这也成为政府失灵的一个重要原因。

5.2.2.2 公共安全领域政府失灵的表现

在公共安全领域，中央和地方政府存在职责不清的问题；同级政府部门职能交叉、政出多门，存在利益争夺，重复监管与监管缺位并存；安全标准混乱，信号不准；权力异化、地方保护，在公共安全权力运行过程中，行政主体往往由于未能正确处理私利与公益、局部利益与整体利益的关系，滥用公共权力，致使公共安全利益受损。具体包括下述几个方面：

（1）公共安全统一执法的权威性不足。随着政府改革和市场经济的发展，原有的安全生产工作机制和方法已经难以适应新形势的要求。由于转变职能，政企分开，政府对企业的安全监管从"直接干预"转变为

"宏观调控"，在对企业生产经营活动进行"松绑"的同时，不再对企业的安全生产工作进行直接部署。加之行业管理逐步淡化和撤出，要想加强公共安全监管工作，需要更加强有力的、更有权威的安全执法监督。然而，在部门协调上，虽然有安全生产监督管理机构，由于公共安全监管职能分工过于分散，难以形成高效、统一的工作机制，部门之间协调工作难度大、效率低，有的地方有关部门之间互不通气，各行其是，甚至相互掣肘，再加上地方保护主义，使公共安全监管的执法力度、权威性、效率和效果严重削弱。

（2）安全监管职能有交叉、重叠现象。新中国成立以来，尤其是自1998 年我国政府机构改革以来，安全监管机构经历了多次重大变动。国家安全生产监督管理局和总局的成立是我国安全监管体制的一个巨大进步，改变了长期以来我国以部委（行业）内部监管为主的计划经济模式，加强了国家监管的力度，形成了市场经济条件下安全监管体制的基本框架，为理顺工作机制与体系创造了有利条件，打下了良好基础。2018 年应急管理部的成立，更加强化了安全生产监管工作。然而，当前我国公共安全监管体制还存在一些问题：一是当前的管理体制还没有完全解决政出多门、职能交叉的问题，尚未全面形成高效、统一的工作机制，部门间协调工作的难度还不小，安全监管效率还有待提高；二是安全监管职责还不够清晰；三是综合性的安全监管体系和煤矿安全监管体系的垂直管理和横向联系需要进一步明晰和加强；四是地方安全监管部门的内设机构、人员安排和行政资源配置仍需进一步优化和提升。在大公共安全的视角下，食品药品监管、防灾减灾、乃至社会治安、反恐与国防安全等与安全生产监管的关系，更需要协调、划分和理顺。

（3）安全法制建设仍需配套完善。我国安全生产的法制环境有了很大改善，特别是《职业病防治法》和《安全生产法》等一系列法律颁布实施后，安全生产法制体系建设有了重大进步。同时，更加需要制定和完善相关的配套法规、规章和标准，保证贯彻落实，使法律更能发挥出安全生产的引领、激励和惩罚的作用。因此，加强安全监管法制建设，形成较为完善的科学的法制体系是安全生产立法中的重要任务。

（4）安全监管力量、装备和经费仍然不足。与发达国家相比，我国安全监管力量差距较为明显。在数量上，我国每万人安监人员的数量不到美国的二分之一、英国的五分之一；在质量上，发达国家对安全监察员的专业背景、培训经历和实际能力都有严格的选拔、考核和监督制度。而我国安全监察人员大多来自行业抽调的非专业人员，专业水平和人员素质参差不齐。安全监管设备较为落后，投入不足，安全监管的全面建设碰到的人财物等方面的困难还很多。

（5）安全科技较为落后，缺乏有效的技术保障手段。安全科学技术是推动安全监管事业发展的重要基础性工作。我国安全科技水平与发达国家相比差距较大，进步不大。我国安全科技落后的主要问题表现在安全科研机构与人员装备水平和创新能力较差，科技开发经费不足，安全技术基础工作薄弱，安全关键技术没有得到有效解决，安全科技开发和新技术推广尚未形成产业化系统和机制等。

（6）安全文化相对落后。安全文化是安全生产的重要基础工作，是和工业文明紧密结合在一起的。我国安全文化相对落后，其主要原因是我国经济社会发展水平不高，企业不重视安全文化的培育和宣传，职工安全教育培训缺失或弱化等。安全文化落后使企业安全风险意识淡漠，安全管理效率低下，安全科技知识和事故防控能力不足，应急救援水平亟待提高。因此，政府应将安全文化作为安全监管的重要抓手，通过安全发展理念和安全文化的传播影响和改造全民安全意识和安全观念，加快安全文化产业化和市场化机制构建。

（7）工伤保险尚未形成有效的事故预防机制。在发达国家，安全监管工作的三大支柱是安全立法、安全监察和工伤保险。而在我国，工伤保险的事故预防机制尚未建立起来，职工参保率仅为三分之一，而且集中在国有大中型企业。总体来看，我国工伤保险目前还仅仅停留在企业发生工伤事故、社保支付待遇金的初级阶段。工伤保险与事故预防没有密切结合起来。另外，工伤保险也尚未充分发挥作用，与企业安全生产状况和风险关联性不密切，企业积极性不高，在促进事故预防方面没有取得明显效果。

总之，在公共安全领域存在政府失灵现象，需要引入市场手段，将部分公共安全产品转化为职业安全产品，由企业在责权利对等的前提下承担安全产品的提供。

综上所述，从经济体制而言，市场经济与计划经济是相对的；然而，从经济手段和调控方法上看，市场和计划是互为补充和替代的，一只是"看不见的手"，一只是"看得见的手"。党的十八届三中全会也把明晰政府和市场的关系作为深化经济体制改革的重要目标之一。单纯靠市场或者单纯靠政府都无完全解决经济和社会问题，市场不是万能的，政府也不是万能的，市场有失灵的时候，政府也有失灵的时候，二者需要结合起来使用，相互弥补不足，对于"安全"这种特殊产品更是如此。同时，在某种手段失灵的时候，可以通过职业安全与公共安全的相互转换，政府和企业角色的相互转换，为社会提供满足发展需求的安全产品。

5.3　职业安全、公共安全相互转换的核心机制

5.3.1　转换的目的

职业安全与公共安全转换的总目的是通过转换，实现社会安全福祉（效用）［social safety welfare (utility), SSW］最大化。具体而言，通过转换可以跨越二者之间的主体责任边界、产权边界，使社会安全总成本最优，同时弥补职业安全领域的市场失灵和公共安全领域的政府失灵，从而实现全社会安全福祉的最大化。

5.3.2　转换的类型

职业安全与公共安全的转换是双向、可逆的，有两种类型：一种是职业安全向公共安全转换，另一种是公共安全向职业安全转换，二者是互逆的。

职业安全向公共安全转换，指的是通过社会安全资源的重新配置，把职业安全产品转化为公共安全产品，即把私领域的私人品（或准公共品）转换为公领域的公共品。

公共安全向职业安全转换，指的是通过社会安全资源的重新配置，把公共安全产品转化为职业安全产品，即把公领域的公共品转换为私领域的私人品（或准公共品）。

这里涉及政府和企业对与安全相关的社会资源的产权变更、对社会安全总成本的优化、政府和企业对具体安全活动和问题的主体责任的变化及转移等。

5.3.3　转换的时机

一般而言，当职业安全领域出现市场失灵情况时，可以推动职业安全向公共安全转换；当公共安全领域出现政府失灵情况时，可以推动公

共安全向职业安全转换。

当职业危害和事故已经向外突破企业边界而演变成社会公共危害，对企业外部的社会公众产生较为严重的负外部性，如天津港瑞海公司重特大爆炸事故，即职业安全事件升级为公共安全事件，此时，是职业安全向公共安全转换；当公共危害对某一家或多家具体企业产生较大作用，向内突破了企业边界进入到了企业内部，影响企业从业人员的安全与健康，使企业正常的生产经营活动难以得到安全保障，即既是公共安全事件又是职业安全事件，如2020年发生的新冠肺炎疫情引发了一些企业的生存和发展危机，即公共卫生事件内卷为企业内部安全和市场经营问题，此时，是公共安全向职业安全转换。

5.3.4 转换（嬗变）的推动与阻断（或延缓）

在社会生产和生活实际中，安全健康问题的发生和发展，有时是公共安全问题转换（嬗变）为职业安全问题，有时是职业安全问题转换（嬗变）为公共安全问题。有些转换（嬗变）是帕累托改善即提高社会安全福祉的，有些是非帕累托改善即降低社会安全福祉的。

比如一煤矿安全教育培训搞得好，形成了优良的安全文化，对矿区、家属子弟和其他相关企业产生了正的外部性和溢出效应，这种职业安全向公共安全的转换（嬗变）就是应当推动和鼓励的。又如，一煤矿跨界开采，将自身的职业安全问题转嫁给其他企业和公民，产生了负的外部性和溢出效应，这种职业安全向公共安全的转换（嬗变）就是应当阻断或延缓的。比如2019年江苏响水天嘉宜化工有限公司"3·21"特别重大爆炸事故，企业内部的职业安全问题转换（嬗变）为恶劣的重特大公共安全事故，这种转换（嬗变）就是应当阻断或延缓的。

比如传染性疾病，如新冠肺炎、SARS、MERS或埃博拉病毒等，病人集中进入医院隔离治疗，本质就是公共安全事件转换（嬗变）为医院的职业安全问题，这种转换（嬗变）是需要推动和鼓励的，因为社会安全福祉随之提高。

5.3.5 转换的驱动力

无论是职业安全向公共安全转换，还是公共安全向职业安全转换，驱动力都包含政府的行政手段（即"看得见的手"）和市场手段（即"看不见的手"）。行政手段和市场手段二者之间相互配合、一进一退，共同科学合理地配置与安全相关的社会资源。

比如，职业安全向公共安全转换，行政手段（"看得见的手"）作为驱动力会起到更大的作用；公共安全向职业安全转换，市场手段（"看不见的手"）作为驱动力会起到更大的作用。

5.3.6　转换的途径

职业安全向公共安全转换的途径是：针对需要转换的安全产品和安全资源，将工商（企业）管理途径（B 途径）转换为公共管理途径（P 途径），目的是提高政府的公共安全治理水平，实现和保障更多的公共安全利益。即可以通过安全产品政府购买，安全成本补偿，制定或完善安全经济政策、安全社会政策、安全法律法规等方法来实现。

公共安全向职业安全转换的途径是：针对需要转换的安全产品和安全资源，将公共管理途径（P 途径）转换为工商（企业）管理途径（B 途径），目的是提高企业的职业安全治理水平，实现和保障从业人员更多的安全利益。即可以通过明晰安全主体责任、明确划定产权、安全产业化、发展和扶持安全产业等方法来实现。

5.4　安全产品供求和转换的数学分析

5.4.1　社会安全无差异曲线与边际安全替代率

根据前面的分析，职业安全与公共安全在一定条件下可以相互转换，因此，从安全产品被享用或消费（同时也是安全产品需求）而获取安全福祉（安全效用）的角度，可以画出如图 5.1 所示的社会安全无差异曲线 i（social safety indifference curve）。横坐标是公共安全产品的数量，用 PS 表示；纵坐标是职业安全产品的数量，用 OS 表示。社会安全无差异曲线上的点表示职业安全产品与公共安全产品的组合（PS, OS），所有的这种组合形成了这条曲线，所有的安全产品的组合所产生的社会安全总福祉（效用）相等（无差异）。社会安全无差异曲线凸向原点是因为边际效用递减规律的作用，边际安全效用也符合这个规律。

可以用数学公式表示社会安全无差异曲线，即

$$OS = f(PS) \qquad (5.1)$$

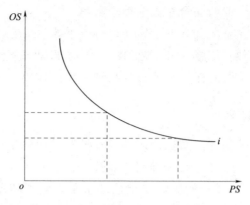

图 5.1 社会安全无差异曲线

式中：$f'(PS)<0$，表明此函数是减函数；$f''(PS)>0$，表明此函数是凹函数。

根据函数的曲线特征，可以用加入参数的倒数函数去拟合社会安全无差异曲线：

$$OS=a/PS \tag{5.2}$$

式中：a 为参数，需要结合职业安全和公共安全产品的具体需求量或消耗量来确定。

在维持安全福祉（效用）水平或满足程度不变的前提下，安全的享用和消费者增加 1 单位的职业安全产品的消费时与所需要放弃的公共安全产品的消费数量的比，被称为边际安全替代率（marginal safety rate of substitution，MSRS）。边际安全替代率就是社会安全无差异曲线上的点的斜率的绝对值，即

$$MSRS=|f'(PS)|=\left|\frac{\mathrm{d}OS}{\mathrm{d}PS}\right| \tag{5.3}$$

5.4.2 安全可能性边界与边际安全转换率

由于职业安全和公共安全可转换，因此，从生产和提供安全产品的角度，可以画出安全可能性边界曲线 t（safety possibility frontier curve）。横坐标是公共安全产品的数量，用 PS 表示；纵坐标是职业安全产品的数量，用 OS 表示。坐标轴与社会安全可能性曲线一致。

社会用在安全领域的资源是稀缺的，因而生产出来的安全产品（包括职业安全产品和公共安全产品）是有限的，因此安全可能性边界曲线

如图 5.2 所示。意思是社会消耗资源而生产出来的职业安全产品与公共安全产品的组合，即 t 曲线。安全可能性曲线以内的任何一点说明安全还有潜力，还有提升空间；而之外的任何一点则是现有资源和技术条件所达不到的安全水平；只有安全可能性边界之上的点，才是现有资源和技术条件下最安全的点。安全可能性边界是凸函数（凹向原点），其原因是随着一种安全产品（职业安全还是公共安全）的增加，机会成本是递增的。即某些社会资源适于用作职业安全，当把它用于公共安全时其效率下降；某些社会资源适于用作公共安全，当把它用于职业安全时其效率下降。

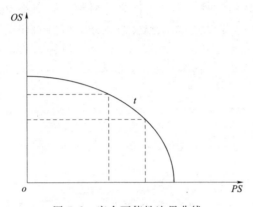

图 5.2　安全可能性边界曲线

可以用数学公式表示安全可能性边界曲线，即

$$OS = g(PS) \tag{5.4}$$

式中：$g'(PS) < 0$，表明此函数是减函数；$g''(PS) < 0$，表明此函数是凸函数。

根据函数的曲线特征，可以用加入参数的幂函数去拟合安全可能性边界曲线：

$$OS = b - PS^c \tag{5.5}$$

式中：b 和 c 为参数。需要结合职业安全和公共安全产品的具体生产量或供给量来确定。

边际安全转换率（marginal safety rate of transformation，MSRT）是指在一定的安全技术水平下，将既定资源用来生产职业安全产品和公共安全产品时，为增加 1 单位某安全产品所必须放弃的另一种安全产品的数量。它实际上是生产可能性边界曲线的斜率的绝对值［见式

(5.6)], 如图 5.2 中曲线上的点的斜率就是边际安全转换率。此转换率的绝对值由左到右逐渐增加表示, 当用于公共安全的社会资源越来越多时, 增加 1 单位的公共安全产品所需要放弃的职业安全产品越多; 反之亦然。

$$MSRT = |g'(PS)| = \left| \frac{dOS}{dPS} \right| \tag{5.6}$$

5.4.3 最优的安全产品供求状态

将社会安全无差异曲线和安全可能性曲线放在一个坐标轴里统筹考虑, 如图 5.3 所示。在初始阶段, 由于信息不对称、资源不充分或配置不平衡等原因, 社会对安全产品的总供给、总需求, 以及对职业安全产品和公共安全产品的各自的供求并不一定匹配。社会安全无差异曲线和安全可能性曲线不一定相交 (如 i_1 和 t_1), 或者有两个交点 (如 i_1 和 t_2 或 i_3 和 t_3)。

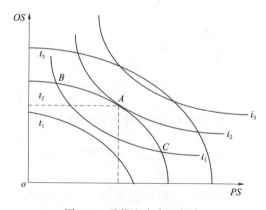

图 5.3 最优安全产品供求

不相交的情况, 说明安全产品的供给和需求不平衡, 安全产品的产出不能充分地供社会 (公民) 所消费和享用, 即安全产品供不应求的状态。

相交于两点的情况, 说明可以找到安全供给等于安全需求, 或者说安全产品的生产等于安全生产的消费的组合, 如图 5.3 中的 i_1 和 t_2 的交点 B 和 C。但是两曲线在这两点的斜率不相等, 即边际安全替代率不等于边际安全转换率。在 B 点, 边际安全替代率大于边际安全转换率, 增加 1 单位的公共安全产品供给所带来的职业安全产生的效用是不足的; 在 C 点, 边际安全替代率小于边际安全转换率, 增加 1 单位的职业安全产品供给所带来的公共安全产生的效用是不足的。也就是说，边际安全替代率不等于边际安全转换率的情况，社会公共福祉（效用）不是最优的。

只有当边际安全替代率等于边际安全转换率，也就是 i_2 和 t_2 相交于 A 点的情况，社会安全福祉（效用）才是最优的，即

$$\max(SSW) \Leftrightarrow MSRS = MSRT \tag{5.7}$$

社会安全无差异曲线和安全可能性曲线的切点（A），是安全产品供给和需求的最优状态。此时

$$\left.\begin{aligned} f(PS) &= g(PS) \\ f'(PS) &= g'(PS) \end{aligned}\right\} \tag{5.8}$$

假设两条曲线可以用上述方法拟合，由式（5.2）和式（5.5）有

$$\left.\begin{aligned} \frac{a}{PS} &= b - PS^c \\ -\frac{a}{PS^2} &= -\frac{c}{PS^{c-1}} \end{aligned}\right\} \tag{5.9}$$

解得

$$\left.\begin{aligned} PS &= \left(\frac{c}{a}\right)^{\frac{1}{c-1}} \\ OS &= a\left(\frac{c}{a}\right)^{-\frac{1}{c-1}} \\ a &= b\left(\frac{c}{a}\right)^{\frac{1}{c-1}} - \left(\frac{c}{a}\right)^{\frac{c+1}{c-1}} \end{aligned}\right\} \tag{5.10}$$

这就是职业安全与公共安全的最优边界和理想状态。达不到这个状态，都存在帕累托改善的空间，和相互转换的可能性。

第6章

职业安全、公共安全的保障体系

职业安全与公共安全保障机制包括：组织保障、制度保障、技术保障、资金保障、人力保障和文化保障。职业安全与公共安全相互转换的保障机制包括：职业安全向公共安全转换的保障机制和公共安全向职业安全转换的保障机制，前者含安全产品政府购买、安全成本补偿、出台公共安全政策推动职业安全向公共安全转换等，后者含明确划定安全产权明晰安全主体责任、政府委托企业生产公共安全产品、发展和扶持安全产业使公共安全产业化等。

6.1 职业安全保障机制

6.1.1 职业安全组织保障

企业内部建立职业安全领导机构（如企业层面的职业安全管理委员会或小组等）和职能部门（如安全管理部或安全监管部等），通过建立强有力的监督检查机制，及时查处和纠正各种违法、违规、违章行为，减少或消除事故隐患，真正使职业安全管理工作的重心落实在依法依规、预防为主的基点上。将职业安全纳入各部门和人员绩效考核体系，严格考核管理，与薪资挂钩，使职业安全工作与其他工作同时计划、同时安排、同步实施、同步检查。

建立以职业安全主管部门为核心的职能部门安全责任或安全专业化网络体系以及二级单位安全责任或安全专业化网络体系，从而形成以业务管理为经线、区域管理为纬线的网格化或网络化职业安全责任管理体系，明晰安全责任范围及边界，使生产现场每处区域、每个场所、每项工作、每个环节都有具体人员负责安全管理。

6.1.2　职业安全制度保障

6.1.2.1　企业严格落实以安全生产责任制为核心的各项职业安全管理制度

在明确领导责任的同时，加强职业安全制度建设工作。建立健全安全责任制度、安全专业化管理制度、安全责任网络体系制度、领导分工负责和巡检制度、安全例会制度、事故调查和责任追究制度、安全生产激励约束机制等配套的职业安全制度体系。

6.1.2.2　建立安全生产应急救援预案

通过对各岗位、各工艺、各设备、各场所等的危险有害因素进行分析，预先分析可能发生的重大事故，制定相应的应急处置措施。针对各种岗位，编制岗位救命法则以及岗位安全和应急关键措施。

6.1.2.3　制定完善安全行为规范

制定完善领导安全行为规范、管理人员及工程技术人员安全行为规范和职工安全行为规范。建立事故隐患检查登记、备案和检查负责制，严格追究事故前一天、一周、一月和一段时间以来所有到此检查和涉及此项隐患整改相关人员的安全责任。

6.1.2.4　实行安全生产问责制

一方面，建立安全生产目标承诺机制，在下级部门向上级部门递交年度安全生产目标保证书的基础上，将安全生产责任目标分解到同级相关部门，年初层层签订安全责任书，日常及时检查督促，按其责任目标进行月度、季度、年度量化评分考核，一级抓一级，层层抓落实。另一方面，建立有效的激励机制和约束机制。实行安全生产绩效奖励，对安全管理工作完成好的单位进行奖励，通过奖励的手段来推动由过去传统的"要我安全"向"我要安全"转变，并进而转变为"我会安全"。提高安全执行力，达到职业安全问题"事事有落实，件件有回音，项项有考核，处处有督察"。

6.1.3　职业安全技术保障

强化以人机隔离标准化为重点的现场职业安全防护建设。在新建、改建、扩建项目的立项、设计、施工等阶段，在工艺配置、设备选型等环节，按照"三同时"原则进行安全评价，通过采用可靠性高、结构完整性强的系统和设备，推进互联网＋、大数据、人工智能、移动互联、云计算、虚拟现实、增强现实、区块链等新一代信息技术在职业安全技术保障中的应用，大力推广保险系统、防护系统、信号系统及高度自动化的控制装置，实现本质安全化；实施安全技术改造措施项目，改善作业环境，改进和优化安全条件；在生产现场依照国家安全标志、安全色等有关标准，设计、制作各类安全标志、标示牌，并严格按照国家规范要求进行现场设置，从而起到明显的警示作用；在厂区及作业现场按照"三区"控制的原理进行设置，使现场的车流、人流、物流井然有序；在危险有害因素辨识的基础上，对所辨识出的危险源及运转设施周围制作各种防护屏、防护网，并定期检查防护装置、联锁装置、闭锁装置，发现问题及时反馈给相关责任部门进行整改，将作业现场的危险隐患与人进行充分隔离，从而达到隐患可能依然存在但危险消除的效果。

6.1.4　职业安全资金保障

企业的安全投入必须满足安全生产的需要。严格执行安全生产费用提取使用管理制度，按时、足额提取和规范使用安全生产费用，专门用于完善和改进企业安全生产条件，提高安全生产水平。主要用于完善、改造和维护安全防护和应急救援设备、设施支出；配备必要的应急救援器材、设备和现场作业人员安全防护物品支出；重大危险源、重大事故隐患的评估、整改、监控支出；安全生产检查与评价支出；职业安全技能培训及应急救援演练支出；其他与安全生产和应急救援直接相关的支出。

6.1.5　职业安全人力保障

6.1.5.1　开展职业安全教育培训

实现安全生产，首先取决于职工对安全的深刻理解和重视程度。强化职工"生命至上、安全第一"的意识是职业安全教育的重要内容，也是实现安全生产的根本要求。安全观念要入心入脑，必须从职工心理的内在需要出发。安全教育必须注重柔性的情感投入，推行人性化管理，发挥亲情的感染作用，使职工真正认识到"生命不仅属于个人，而是父母健康之所系，孩子快乐之所依，家庭幸福之所靠，企业发展之所需"。在观念上形成"珍惜生命，杜绝伤害，热爱生活，关爱家庭"的思想，树立"一切事故皆可预防，一切事故皆可避免"的安全理念，进而在工作上由被动地安全生产变为主动地按章作业。

6.1.5.2　强化生产现场准入制度

强调班组长的作用，每次排班前对员工的身体状况、精神状态进行安全检查，由员工本人进行签字确认；检查员工对安全知识、安全技能和安全行为认知状态，并检查员工的劳动保护用品穿戴及特种作业人员的持证上岗，当各项条件许可的情况下方可允许其上岗。

6.1.5.3　有效规范员工安全行为

从员工的一言一行、一举一动入手，既采取硬性约束手段，也实行温情引导的办法，使广大职工形成遵章守纪、按章作业的良好行为习惯，对违章者进行适度处罚。对在生产作业过程中出现的"三违"人员，按照"三违"性质和程度的不同，按照规章制度给予处罚，并做好思想教育和引导工作，从而对具有侥幸心理和有习惯性违章倾向的职工进行有效约束，从源头上堵住部分职工"大错不犯，小错不断"的现象。要持续开展现场"纠偏"活动。利用多种方式，组织专门力量，把生产现场容易出现的违章行为，作为重点矫正对象，定期或不定期进入生产现场进行专项"纠偏"。

6.1.6　职业安全文化保障

加强以人本管理为核心的职业安全文化建设。企业通过安全文化体系建设，使员工自觉地从内心深处认同安全文化，践行安全文化，把安全文化内化于心、外化于行、固化于制，形成浓厚的安全文化氛围和强大的安全文化场，并用文化和氛围的力量不断地影响员工的安全文化意识和安全价值观念，用文化场的效应来规范各层级员工的决策行为、管理行为和操作行为。从而真正地把"安全文化理念"转化为各级员工的自觉行动。塑造职业安全文化是一项长期、艰巨而又细致的思想工作，需要企业有意识、有目的、有组织地进行长期总结、提炼、倡导和强化，需要企业建立有效的激励和约束机制作保障，把职业安全文化所确立的价值观长期、全面地体现在企业的各项生产经营活动和员工行为之中，并得到广泛而深刻的宣传推广。

6.2 公共安全保障机制

6.2.1 公共安全组织保障

根据我国经济社会发展需要，以公共安全与应急管理法律法规为保障，以应急管理部为指挥组织和枢纽，自上而下建立健全国家、省、市、县、乡镇（街道）等各级公共安全危机管理机构及应对系统，履行行政执法、现场安全监察、事故调查和应急救援处置等基本职能，尤其要改变县、乡镇（街道）、村基层安全与应急管理缺位或不到位的状况。明确社会组织在公共安全事件与应急救援中的职责和具体途径以及所应扮演的角色，赋予相应的法律地位。加强对民间应急与安全志愿队伍和志愿者的管理、培训和引导。加强全民安全与应急教育，规范社会公众在公共安全事件发生时的行为。

6.2.2 公共安全制度保障

6.2.2.1 健全公共安全立法机制

完善公共安全与应急管理法律法规，建立法规运行评估机制。重点制定或修订公共安全事件应急机制、重大危险源管理等规章制度。建立健全与国务院行政法规相配套的地方公共安全与应急管理立法制度，推动地方开展公共安全与应急管理法制薄弱领域先行先试。

6.2.2.2 完善公共安全技术标准

制定公共安全与应急管理标准中长期规划。完善公众参与、专家论证和政府审定相结合的标准制定修订机制，建立及时公开、适时修订、定期清理和跟踪评价制度。建立全国统一的标准制定体系，鼓励工业相对集中的地区先行制定地方性安全技术标准。制定新产品、新材料、新工艺企业安全技术标准。制定落实危险性作业专项安全技术规程和岗位安全操作规程。

6.2.2.3 提高公共安全执法效能

建立公共安全执法公告公示制度，推行公共安全执法政务公开，定期发布公共安全政策法规、项目审批、安全执法、安全检查、案件处理等政务信息。建立对执法效果的跟踪反馈和评估制度。健全公共安全行政执法责任制度。建立完善"覆盖全面、监管到位、监督有力"的公共安全治理体系，形成依法治安的合力。

6.2.3　公共安全技术保障

6.2.3.1　加强公共安全科学技术研究

实施科技兴安、促安、保安工程。整合优势公共安全科技资源，健全公共安全科技政策和投入机制，建立公共安全技术创新体系，开展重大事故风险防控和应急救援科技攻关，实施公共安全与应急管理科技示范工程，力争在重大公共安全事件、事故致灾机理和关键技术研究方面取得突破。公共安全与应急科技重点领域如下：

（1）公共安全基础理论：生产安全事故防控基础理论；自然灾害防控基础理论；应急救援与管理基础理论；公共安全与应急经济政策等。

（2）关键安全与应急技术及装备研发：煤矿重大事故预测、预警、防治关键技术及装备；非煤矿山典型灾害预测控制关键技术及装备；高含硫油品加工安全技术；重大工程与公共基础设施安全保障技术；化工园区定量风险评价和安全容量分析；化工园区安全生产管控一体化关键技术；大型油品储罐区安全控制技术；烟花爆竹自动化制装药生产线；高危职业危害预防关键技术；安全生产与应急物联网关键技术；事故快速抢险及应急处置技术与装备；个体防护装备关键技术；事故调查关键技术及装备等。

（3）公共安全与应急管理技术研究：公共安全与应急管理法规政策体系运行反馈系统；公共安全与应急治理模式与决策运行系统等。

6.2.3.2　完善公共安全技术支撑平台

建立完善国家级公共安全与应急治理技术支撑机构，搭建安全与应急科技研发、安全评价、隐患排查治理、预测预警、检测检验、安全培训、安标认证与咨询服务技术支撑平台。建立完善公共安全技术研究、应急救援指挥、调度统计信息、考试考核、危险化学品登记、职业危害监测、宣传教育和执法检测等技术支撑机构。提升安全新装备、新材料、新工艺和关键技术准入的测试分析能力。

6.2.3.3　推广应用先进适用安全工艺技术与装备

完善安全科技成果评估、鉴定、筛选和推广机制，发布先进适用的安全生产工艺、技术和装备推广目录。完善公共安全共性技术转化平台，建立安全科技基础条件共享与科研成果转化推广机制。定期将不符合安全标准、安全性能低下、职业危害严重、危及公共安全的落后工艺、技术和装备列入国家产业结构调整指导目录。

6.2.3.4　搭建公民参与公共安全危机治理的信息平台

政府在本地区的政府网站建立公共安全与应急治理网页，也可通过媒体架起民众与真相、民众与政府之间的桥梁。在政府网页上公布公共安全事件管理机构和人员的联系方式；开展公共安全知识的普及教育；每天公布安全信息，提醒民众注意所发现的隐患或可疑情况；民众也可通过信息平台对政府对公共安全事件的治理进行有效监督；危机发生时政府及时发表权威信息，避免谣言和社会恐慌的扩散，使整个社会在信息平台的沟通下，及时关注和参与社会公共安全的建设。

6.2.4　公共安全资金保障

加大公共安全与应急管理投入。各级政府部门要改变观念，变事后救助为事先预防准备。一方面畅通社会救济渠道，化解人民内部矛盾；加强老旧设备维护和更新改造，清理历史欠账，保证安全生产生活；加大对消防、搜救、抢险等救助装备和设施的投入。另一方面加大对反党、反政府、反人民、反社会的黑恶势力的打击力度，保障人民生命和财产安全，推动构建社会主义和谐社会。

6.2.5　公共安全人力保障

6.2.5.1　畅通"两条渠道"

1. 畅通公共安全与应急管理人才招录引进渠道

增加人员编制数量，推动解决市县级应急管理部门内设机构和人员编制数量偏少的问题，解决事业编制人员行政执法身份问题。加快专业人才引进，加快应急救援、灾害防控、化工安全等专业人才特别是"高、精、尖、缺"人才引进步伐。优化招录考核方法，完善招录聘用制度，将风险较大的监管执法和抢险救援等列为特殊岗位，实施有针对性的筛选招录。强化复审环节，提高面试信度和效度。拓宽人才引进方式，采取定向招录、选调、公开招聘、高层次人才引进、聘任制公务员等多种方式，拓展选人用人视野。探索从企事业单位直接引进人才办法，开辟急需和优秀人才引进绿色通道。优化人员结构体系，按区域人口、GDP总量、高危企业数量等指标，确定县乡级应急机构人员数量以及专业、学历等比例和结构标准，优化应急队伍总体结构。

2. 畅通公共安全与应急管理人才培养培训渠道

突出应急管理主责，集中开展大培训，促使各级领导干部和广大执法人员尽快转换角色，进入"应急管理时间"，构建应急管理知识、素质和能力体系。开展分类干部轮训，分类别分层次举办专业知识普及班和提升班，采用调训方式逐步提高各级干部专业水平。创新培训方式方法，推动面授和网络培训相结合，强化现场实践教学。加快新一代信息技术在应急培训中的应用，如虚拟现实体验式教学等，增强学习的安全性、趣味性和吸引力。有效缓解工学矛盾，充分利用应急管理干部网络学院学习平台，加快落实"一人一账号"，实现全覆盖、规模化、快捷化、个性化，满足自主选学、灵活学习需求，全方位缓解工学矛盾。完善挂职锻炼制度，选派优秀年轻干部到基层单位一线岗位挂职，选调基层干部到上级应急部门挂职锻炼，增强干部队伍活力，争取地方领导和其他部门对公共安全与应急管理工作的理解和支持。

6.2.5.2 面向"三个领域"

1. 持续加强安全生产人才基本盘

在原来安全监管人才队伍的基础上，维护和加强安全监管人才的基本盘、基本面，持续引进和培养高危行业安全管理、技术、工程、执法等各类人才。

2. 快速提升应急管理人才能力值

突出应急管理主责主业，尽快引进和培养掌握应急预案编制、应急准备、应急指挥、应急处置、应急善后、应急保障、应急信息化等人才，快速建设一支熟悉应急管理通用规律和行业特点、具备应急素质和执法能力的干部队伍。

3. 着力拓展灾害防控人才覆盖面

根据部门职责，积极引进和培养掌握自然灾害风险评估及监测预警、火灾防治、防汛抗旱、地震和地质灾害防控等人才，覆盖各主要灾种，形成"一专多能"的人才素质结构以及"通才专才互补"的人才队伍结构。

6.2.5.3 搭建"四个平台"

1. 建设各级公共安全与应急管理专家平台（智库）

建立国家、省、市、县各级公共安全与应急管理专家平台（智库），拓宽专家来源渠道，动态遴选政治素质过硬、政策水平较高、理论学养深厚或实践经验丰富的领导干部、先进典型人物、知名专家学者等专兼职专家入库。加大系统内行政管理和专业技术高层次人才和骨干人员培养力度，努力造就一批应急管理专家。

2. 搭建公共安全与应急管理人才服务与管理平台

搭建各级公共安全与应急管理人才服务与管理平台，为人才提供入职、入编、薪酬、社保、福利、培养、培训、创新、晋升等全过程、全方位优质高效的人力资源服务，并对人才成长路径实现统计分析、数据挖掘和跟踪管理。

3. 搭建国际公共安全与应急管理人才平台

遴选高水平外籍专家，积极争取国家外专局项目和经费支持，与海外顶级应急管理机构建立联系，遴选发达国家对华友好的高层次人才进入应急管理专家库，来华从事应急领域的管理和科教等工作。加大境外培训力度，向发达国家学习先进应急管理理念、体制机制和方式方法。如可组织赴美国学习化工安全监管与应急处置，赴日本学习自然灾害防控与应急响应，赴欧洲学习重大风险管控与应急准备等。积极拓展来华培训，主动对接"一带一路"建设，以国际灾害防控和应急救援合作为切入点，组织发展中国家应急人员来华培训，拓展国际朋友圈，为推动构建人类命运共同体做出贡献。

4. 搭建公共安全与应急科学技术协同创新平台

面向公共安全与应急科技领域重大专项和重大工程的组织实施，推动建设一批可实现重点突破的协同创新平台；面向产业技术创新，推动建设国家层面支撑公共安全与应急产业技术研发及产业化的综合性创新平台，加快公共安全与应急科技成果转化、产业化；通过创新平台建设集聚和培育公共安全与应急领域创新型人才，形成人才与平台互相滋养和促进的格局。

6.2.5.4 完善"五项机制"

1. 感召、亲和、宽松的政策机制

创新人才政策机制，树立人才意识，尊重人才、爱护人才。在原则允许的前提下千方百计降低门槛，提高人才待遇，打造政策的感召力和亲和力。

2. 称心、安心、拴心的环境机制

对高层次人才，主要通过打"拴心留人环境牌"，实施"定点突破"；对于专技和管理人才，主要通过打"事业牌"，提供广阔的公共安全与应急管理事业舞台和发展空间，激发其干事创业的内驱力和自豪感；对于公共安全与应急管理相关专业本科、硕士、博士毕业生，主要通过打"政策牌"，引导其报考各级政府应急管理部门公务员和事业单位人员，并加大服务力度，解决其后顾之忧。

3. 热情、亲情、长情的服务机制

建立全方位热情、亲情、长情的人才长效服务机制，提升人才生活保障水平，简化手续办理，引进的高层次人才所享受的住房补贴、安家费、人才补助、奖金等免征个人所得税。

4. 专项、递增、多元的投入机制

考虑职业风险度，提高从业人员薪资待遇水平，设立公共安全与应急管理职业津贴和保险计划。推进应急管理系统事业单位工资分配改革，加大绩效工资分配向高层次人才、科教人员倾斜力度，强化绩效工资对公共安全与应急科技创新、成果转化的激励作用。定期开展公共安全与应急管理系统优秀人才评选和表彰奖励，提高人才的职业尊荣感、获得感、幸福感。

5. 目标、责任、奖惩的考核机制

制定各级应急管理部门人才分解指标和行动目标，纳入年度目标考核，严明奖惩措施，激励和约束"一把手"和班子成员识才引才重才的行为。

6.2.6　公共安全文化保障

6.2.6.1　公共安全与应急管理文化的内涵

文化是人类的精神活动及其产品，是支撑事业发展的坚实的底座基石和深沉的精神力量，体现在个体和组织的心理及行为等各个方面。文化建设作为"五位一体"的重要内容之一，具有举足轻重的战略地位。我们要坚持道路自信、理论自信、制度自信，最根本的还有一个文化自信。文化自信是政党、国家和人民对自身文化价值的充分肯定和积极践行，并对其文化的生命力持有的坚定信心。公共安全与应急管理文化是人们在公共安全与应急管理实践中形成的公共安全与应急意识、公共安全与应急价值观、公共安全与应急行为规范以及外化的公共安全与应急行为表现等。建设新时代中国特色社会主义应急管理体系，亟须锻造与"大国应急"相匹配的公共安全与应急管理文化。2019 年 1 月和 2020年 1 月，两次全国应急管理工作会议都强调，要培育"极端认真负责、甘于牺牲奉献、勇于担当作为、善于开拓创新的应急管理特色文化"。

6.2.6.2 公共安全与应急管理文化建设的宗旨

公共安全与应急管理文化建设的宗旨是培育"安全第一，生命至上"的公共安全和全民应急文化，培育"发展决不能以牺牲安全为代价"的安全发展文化，培育"极端认真负责、甘于牺牲奉献、勇于担当作为、善于开拓创新"的应急管理系统特色文化，营造浓郁的公共安全与应急文化氛围，用积极的公共安全与应急文化引导应急心理和行为，再以健康的公共安全与应急心理和行为提升文化层次，进而实现从公共安全与应急文化到公共安全与应急文明的飞跃，为新时代中国特色公共安全与应急管理事业提供强大的精神动力和良好的文化环境，提高广大人民群众的获得感、幸福感、安全感，并为大国崛起和民族复兴保驾护航。

6.2.6.3 公共安全与应急管理文化的功能

公共安全与应急管理文化建设的功能如下：

（1）引导公共安全与应急目标。公共安全与应急管理文化所提倡、崇尚和弘扬的应对事故、灾害的哲学、价值观、方法论与行为准则，能够引导组织成员转向适宜的思想和行为，使个人公共安全与应急目标被引导到公共安全与群体安全目标。

（2）凝聚公共安全与应急认同。公共安全与应急管理文化的价值观和行为准则被组织成员认同后，会成为一种黏合剂，把成员团结起来，形成基于公共安全与应急共识的巨大向心力和凝聚力。

（3）激发公共安全与应急能力。正确、积极的公共安全与应急管理文化能够促使组织成员从内心生发出应急意识和安全自觉，并通过发挥人的主动性、积极性、创造性，激发和催化公共安全与应急智慧和能力，进而推广到群体和组织，形成不断迭代放大的安全效应。

（4）规范公共安全与应急行为。公共安全与应急管理文化中的规范及其外化表现对人的思想和行为具有规范和约束作用。这里既有成文的硬制度约束，更强调不成文的软约束。

6.2.6.4 公共安全与应急管理文化的体系

公共安全与应急管理文化结构体系包括以下几个层次。

1. 公共安全与应急表观文化（器物层）

公共安全与应急表观文化是指人们可以观察到的应急管理组织结构和组织过程，公共安全与应急标识符号，公共安全与应急预案文本，公共安全与应急体验场所，公共安全与应急设备设施，公共安全与应急培训演练器材，公共安全与应急宣传教育材料，公共安全与应急宣传、传播、纪念、教育、演练活动等。

2. 公共安全与应急规范文化（制度层或行为层）

公共安全与应急规范文化是指标准化、程序化的公共安全与应急管理制度和规范，包括公共安全与应急管理相关法律法规、标准、体制、机制、战略、规划、目标、任务、各级各类应急预案等，规范和约束着个人、群体和组织的公共安全与应急行为模式。"一案三制（应急预案、法制、体制、机制）"就属于公共安全与应急规范文化。

3. 公共安全与应急观念文化（精神层）

公共安全与应急观念文化是指公共安全与应急管理的思想、理念、核心价值观及危机意识，如"以人为本"、"生命至上"、"预防为主"、"综合减灾"、"居安思危"、"有备无患"等等。东汉荀悦曾言："先其未然谓之防，发而止之之谓之救，行而责之谓之戒。防为上，救次之，戒为下。"体现了中华传统安全与应急观念文化源远流长。公共安全与应急观念文化是深层次的精神层面公共安全与应急文化，决定了公共安全与应急心理、应急动机和应急行为。

6.2.6.5　公共安全与应急管理文化建设的方式

公共安全与应急管理文化建设的方式包括：组建宣传网络，建设公共安全与应急管理文化载体；利用公共安全与应急管理领域典型人物和事件，弘扬主旋律、传播正能量；通过打造组织形象识别系统，并开展公共安全与应急管理文化活动进行传播；通过公益广告、新闻和有奖征答等活动传播公共安全与应急管理文化；组织公益活动、展览、展销会和接待参观活动传播公共安全与应急管理文化；撰写小说、新闻、报告文学，拍摄电影、电视剧、网络剧、纪录片、新闻片、动画片等传播公共安全与应急管理文化等。并可培育公共安全与应急文化产业（以市场化、社会化或 PPP 等方式建设公共安全与应急文化）等。

6.3　职业安全与公共安全相互转换的保障机制

6.3.1　职业安全向公共安全转换的保障机制

6.3.1.1　安全产品政府购买

对于原本是企业内部供给的职业安全产品或服务，或者是由于正的外部性而免费提供给社会的安全产品或服务，政府可以考虑进行全部或部分购买，使其转换为公共安全产品或服务。比如企业的应急救援活动，可以通过政府付费的方式，转换成面向社会和公民的公共安全应急救援服务，实现产品属性转换和边界跨越。

6.3.1.2 安全成本补偿

对有些企业特别是国有企业承担的公共安全成本，政府以财政补贴或者财税政策优惠的方式进行成本补偿，把正的外部性成本内部化，收敛企业的安全成本边界。这体现了政府是公共安全的财政支持主体。在我国安全产品供给的具体实践中，还需要注意"安全成本承担责任两重性"的问题。即现在有很多国有企业是在计划经济时代建成的，安全历史欠账也是在那个时代由于政府的投入不足而形成的，这些老国有企业的安全投入问题理应由政府继续承担或一次性投入买断；而新建企业虽然与老企业在这方面不同，但随着政府安全技术标准的不断提高，会给企业带来新的安全欠账，对于这个问题，政府的主要责任一方面是严格监督企业执行行业技术标准和安全技术标准，另一方面是出台财税政策或拿出专项资金进行补贴，支持和引导新老企业加大安全投入。从这个意义上来说，政府也是通过公共安全财政支持对企业进行安全成本补偿和转移支付。

6.3.1.3 完善公共安全政策

通过建立健全安全经济政策、安全社会政策、安全法律法规等来实现。安全经济政策包括安全费用提取制度、安全生产风险抵押金制度、伤亡事故的经济赔偿制度、安全生产责任保险制度等；安全社会政策包括安全生产诚信制度、安全生产应急救援体系、安全伦理与安全文化建设等；安全法律法规包括安全生产、灾害防控、应急救援等领域的立法和执法等。

6.3.2 公共安全向职业安全转换的保障机制

6.3.2.1 明确划定安全产权，明晰安全主体责任

根据经济社会发展以及安全生产状况，划定政府和企业对与安全相关的社会资源的产权，明确各自的权力、义务和主体责任，提升安全产品提供的精准性、效率、效能和水平，持续改善全社会安全福祉。

6.3.2.2 政府委托企业生产公共安全产品

公共品的供给和生产存在可分离性，生产者与供给者可以是同一个

主体，也可以是不同的主体，政府不必直接生产公共安全产品，可以将不同的环节分配给企业或社会组织生产。在不涉及国家安全和机密的前提下，可一定程度上允许企业进入公共安全领域经营，或以招标等市场化方式委托企业和社会组织提供公共安全产品，除非企业或社会组织无法提供相应的产品服务，或者企业、社会组织进入特定公共安全领域将显著有失公平。政府可以用合同承包、特许经营、专项补助等方式利用多元主体间的竞争提高安全生产、减灾防灾、应急救援、公共安全设施维护等领域公共安全产品的生产效率。在社会治安领域，应积极稳妥支持安全保卫行业发展，规范法律法规，允许其承担特定职能。

6.3.2.3　发展和扶持安全产业，推动公共安全产业化

制定安全与应急产业发展规划。发展安全与应急装备制造业，重点研制检测监控、安全避险、安全防护、个人防护、灾害监控、特种安全设施及应急救援等安全设备，将其纳入国家振兴装备制造业的政策支持范围。优先发展工程项目风险管理、安全评估认证等咨询服务业，建成若干国家安全与应急产业培育基地（园区）、一批技术能力强的安全与应急装备制造企业和技术领先的安全技术服务机构。安全与应急产业发展重点如下。

1. 安全与应急技术与装备

矿山监测监控、井下人员定位、紧急避险、压风自救、供水施救、通信联络等系统；大型危险化学品生产与存储装置、尾矿库等重大危险源安全监控预警技术与装备；煤矿瓦斯治理、危险化学品爆炸抑制、城市轨道交通风险控制等重大事故防治技术与装备；烟花爆竹生产机械与专用运输车辆；井下快速抢险掘进、矿井灭火与排水救灾、事故应急指挥与辅助决策、井下无线视频救灾系统、矿用潜水救生舱、防爆移动复合气体探测和防爆移动视频监控等事故应急救援技术与设备。

2. 公共安全与应急咨询与服务

面向各级政府、各类工程项目和中小企业的公共安全规划、公共安全事件应急处置、安全生产应急救援、安全评价、安全培训、安全技术与管理咨询等安全技术服务。制定公共安全与应急专业服务机构发展规划。建立公共安全与应急服务机构分类监管制度，完善技术服务质量综合评估制度。推动公共安全与应急专业服务机构诚信体系建设。培育发展公共安全与应急事务所，充分发挥专业人员在风险评估、安全评价、应急处置、检测检验、咨询等方面的积极作用。

第 7 章

结 论 与 展 望

本章归纳了全书对职业安全、公共安全的边界及转换问题的研究结论和成果，形成了一定的理论创新，并具有较强的现实指导意义。

7.1 研究结论

本书在以下方面形成了重要结论。

7.1.1 探溯了职业安全与公共安全问题的理论来源及基础

职业安全与公共安全问题的理论来源及基础包括：总体国家安全观、安全发展观、安全科学、公共管理学、工商（企业）管理学、新制度经济学与系统工程学。总体国家安全观是职业安全、公共安全问题的政治遵循；安全发展观是职业安全、公共安全问题的思想基础；安全科学是本书所研究问题的母学科；公共管理学是公共安全管理的理论基础；工商（企业）管理学是职业安全管理的理论基础；新制度经济学引领了职业安全、公共安全的制度安排与边界界定；系统工程学尤其是安全系统工程理论指导了职业安全和公共安全的要素、属性、对立统一规律、转换机理及条件研究。

7.1.2　阐释了职业安全与公共安全的基本内涵、区别与联系

职业安全（occupational safety，OS）是指劳动者在作业场所中的安全与健康。职业安全包括安全生产、职业卫生（职业健康）、劳动保护、应急救援等与从业人员相关的安全与健康问题。与职业安全相对的概念是职业风险。一般而言，职业安全主要是指企业（或其他类型的组织）内部生产经营场所与劳动者安全和健康相关的活动，即"私场所"的安全。公共安全（public safety，PS）是指公民进行正常的社会活动所需的安全、稳定的环境和秩序。公共安全包括与社会公众相关的自然灾害、生产事故、公共卫生事件、社会治安事件等涉及的安全和健康问题。与公共安全相对的概念是公共风险。一般而言，公共安全主要是指由政府承担责任的与全社会公民安全和健康相关的活动，即"公场所"的安全。

职业安全的主体是企业，依据是：作为市场竞争的独立微观单位，企业是职业安全活动的组织谋划者；作为生产过程的组织与控制主体，企业是职业安全工作的主要实施者；从有关法律法规规定看，企业是职业安全保障制度的全面执行者；从职业安全的基础来看，企业是职业安全投入的主体；从职业安全发挥的作用看，企业是职业安全的最大受益者；从责权利对等的角度看，企业是职业安全违法行为责任及后果的基本承担者等。公共安全主体是政府，依据是：政府出台公共安全政策；政府引领公共安全要素和内涵建设；政府加强公共安全体系建设等。

职业安全的客体是企业或其他组织的工作场所中存在的安全和健康问题，即"私"场所的安全和健康问题。企业是职业场所的最主要提供者，因而职业安全的客体可以视为企业内部的安全生产、职业健康和应急救援问题。公共安全的客体范畴非常广泛，影响社会公众安全和健康的问题都在其列，即"公"场所的安全和健康问题。一般而言，公共安全客体可以分为四类，即自然灾害、生产事故、公共卫生事件、社会治安事件。这些问题一般的社会组织、企业或者个人无法解决，只能依靠政府和国家机器的力量才能统筹协调解决。

按照私人品和公共品的性质考量，职业安全是"准公共品"，兼有私人品和公共品的双重属性，理由是职业安全具有一定的非竞争性、正的外部性、一定的排他性和一定的公益性。公共安全属公共品范畴，而且是一种典型的公共产品，理由是公共安全具有非竞争性、正的外部

性、非排他性和公益性。

一般而言，对职业安全的管理是企业管理、工商管理的范畴。需遵循利益最大化或所有者权益最大化原则，以及商业伦理原则。对其进行管理或治理宜采取考虑成本、效益、投入、产出的 B（business）途径（path－B）。一般而言，对公共安全的管理属政府管理、公共管理或社会管理范畴。需遵循社会福利最大化原则，以及社会公平和正义原则。对其进行管理或治理宜采取考虑公平、公正、福利、大众的 P（public）途径（path－P）。

7.1.3　揭示了职业安全与公共安全边界的本质及重要意义

职业安全与公共安全的边界本质上就是政府与市场的边界（经济调控手段）、政府与企业的边界（经济社会主体）。在安全生产领域，划定政府和市场的边界，厘清政府和企业的关系以及责任、权利和义务，具有重要意义。职业安全与公共安全的边界存在于主体责任、产权和成本等方面。"科斯三定理"对安全产权的划分有指导意义。

一是主体责任边界，即企业对职业安全承担主体责任；政府对公共安全承担主体责任。

二是产权边界，即职业安全产权边界是企业对与职业安全相关的企业各种财产和资源的产权边界，包括职业安全的财产权边界和行为权边界；公共安全产权边界是政府对于安全生产的职能、职责、相应的权力结构、掌控的与安全生产有关的资源以及政府安全监管行为的权力边界。

"科斯三定理"对安全的产权边界划分具有指导意义。在"科斯第一定理"即没有交易费用的状态下，安全的外部性或曰非效率可以通过政府和企业的谈判而得到纠正，从而达到社会安全福祉最大化。换言之，只要与安全相关的"产权"是明确的，并且假设交易成本为零，那么无论在开始时将产权赋予政府和企业，市场均衡的最终结果都是有效率的，能够实现安全资源配置的帕累托最优。在"科斯第二定理"即交易费用为正的状态下，与安全相关的产权是赋予政府还是赋予企业，或者是以合适的比例一部分赋予政府、一部分赋予企业，取决于那种产权安全和界定的社会安全福祉最大化。如果与安全相关的产权已经做出了安排和界定，那么通过调整产权边界、进行产权交易可以实现帕累托改善和提高社会安全福祉。在"科斯第三定理"即交易费用为正并且政府准确界定与安全相关的产权的状态下，政府和企业之间、企业与企业之间无须再进行市场交易，社会安全福祉已经实现最大化，已经达到帕累托最优。如果非要进行交易，将提高交易费用，使社会安全福祉降低。换言之，政府对与安全相关的初始产权的界定十分重要，直接影响安全效用（福祉）。

三是成本边界，职业安全成本主要由企业承担，公共安全成本主要由政府承担。社会安全总成本可视为职业安全成本与公共安全成本之和，即 $TSC = OSC + PSC$。最优成本边界是边际职业安全成本等于边际公共安全成本，即 $|MOSC| = |MPSC|$。

7.1.4　剖析了职业安全与公共安全相互转换的机理

职业安全与公共安全的同质性体现在：关注的都是人的安全与健康问题，都是从人本的观点审视安全领域的社会现实；都具备公共性；要素基本一致；都是实施安全发展战略、构建安全保障型社会的重要领域和组成部分。因此，职业安全与公共安全具有一定的共性，即同质性，存在"最大公约数"，也就从理论前提上具备了相互转换的可能性和可行性。职业安全领域的市场失灵与公共安全领域的政府失灵是转换的现实需求。

转换的目的是实现社会安全福祉（效用）最大化。转换有两种类型：一种是职业安全向公共安全转换，另一种是公共安全向职业安全转换。转换时机是：当职业安全领域出现市场失灵情况时，可以推动职业安全向公共安全转换；当公共安全领域出现政府失灵情况时，可以推动公共安全向职业安全转换。无论是职业安全向公共安全转换，还是公共安全向职业安全转换，驱动力都包含政府的行政手段（即"看得见的手"）和市场手段（即"看不见的手"）。行政手段和市场手段二者之间相互配合、一进一退，共同科学合理地配置与安全相关的社会资源。职业安全向公共安全转换，行政手段（"看得见的手"）作为驱动力会起到更大的作用；公共安全向职业安全转换，市场手段（"看不见的手"）作为驱动力会起到更大的作用。职业安全向公共安全转换的途径是：针对需要转换的安全产品和安全资源，将工商（企业）管理途径（B途径）转换为公共管理途径（P途径），目的是提高政府的公共安全治理水平和公共安全服务覆盖面，实现和保障更多的公共安全利益。公共安全向职业安全转换的途径是：针对需要转换的安全产品和安全资源，将公共管理途径（P 途径）转换为工商（企业）管理途径（B 途径），目的是提高企业的职业安全治理水平和安全服务的市场化程度，实现和保障从业人员的更多的安全利益。

7.1.5 构建了安全产品供求和转换的数学模型，并找到了社会安全福祉最优解

本研究构建了安全产品供求和转换的数学模型，并找到了社会安全福祉（效用）最大化和帕累托最优的条件和期望值。

从安全产品被享用或消费（同时也是安全产品需求）而获取安全福祉（安全效用）的角度，可以做出社会安全无差异曲线。这是一条在第一象限单调递减、凸向原点的曲线，上面的点表示职业安全产品与公共安全产品的组合，这些组合所产生的社会安全总福祉（效用）相等。用数学公式表示，即：$OS = f(PS)$。其中，$f'(PS) < 0$，$f''(PS) > 0$。可用加入参数的倒数函数去拟合：$OS = a/PS$。其中，a 是参数，需要结合职业安全和公共安全产品的具体需求量或消耗量来确定。在维持安全福祉（效用）水平或满足程度不变的前提下，安全的享用和消费者增加 1 单位的职业安全产品的消费时与所需要放弃的公共安全产品的消费数量的比，被称为边际安全替代率，即社会安全无差异曲线上的点的斜率的绝对值，即 $MSRS = |f'(PS)| = \left| \dfrac{\mathrm{d}OS}{\mathrm{d}PS} \right|$。

从生产和提供安全产品的角度，可以做出安全可能性边界曲线。这是一条在第一象限单调递减、凹向原点的曲线，安全可能性边界之上的点表示职业安全产品与公共安全产品的组合，这些组合是现有资源和技术条件下最安全的点。可以用数学公式表示，即 $OS = g(PS)$。其中，$g'(PS) < 0$；$g''(PS) < 0$。可用加入参数的幂函数去拟合：$OS = b - PS^c$。其中，b 和 c 是参数，需要结合职业安全和公共安全产品的具体生产量或供给量来确定。边际安全转换率是指在一定的安全技术水平下，将既定资源用来生产职业安全产品和公共安全产品时，为增加 1 单位某安全产品所必须放弃的另一种安全产品的数量。它实际上是安全可能性边界曲线的斜率的绝对值，即 $MSRT = |g'(PS)| = \left| \dfrac{\mathrm{d}OS}{\mathrm{d}PS} \right|$。

将社会安全无差异曲线和安全可能性曲线放在一个坐标轴里统筹考虑，只有当边际安全替代率等于边际安全转换率，也就是在社会安全无

差异曲线和安全可能性边界曲线的切点，社会安全福祉（效用）最大化，即最优的安全产品供求状态。此时，

$$\max(SSW) \Leftrightarrow MSRS = MSRT$$

$$\begin{cases} f(PS) = g(PS) \\ f'(PS) = g'(PS) \end{cases}$$

假设两条曲线可以分别用加入参量的倒数函数和幂函数拟合，可得

$$\begin{cases} \dfrac{a}{PS} = b - PS^c \\ -\dfrac{a}{PS^2} = -\dfrac{c}{PS^{c-1}} \end{cases}$$

解得

$$\begin{cases} PS = \left(\dfrac{c}{a}\right)^{\frac{1}{c-3}} \\ OS = a\left(\dfrac{c}{a}\right)^{-\frac{1}{c-3}} \\ a = b\left(\dfrac{c}{a}\right)^{\frac{1}{c-3}} - \left(\dfrac{c}{a}\right)^{\frac{c+1}{c-3}} \end{cases}$$

这就是职业安全与公共安全的最优边界和理想状态。达不到这个状态，都存在帕累托改善的空间和相互转换的可能性。

7.1.6 提出了职业安全、公共安全保障机制及二者相互转换的保障机制

职业安全保障机制包括：职业安全组织保障、职业安全制度保障、职业安全技术保障、职业安全资金保障、职业安全人力保障和职业安全文化保障。公共安全保障机制包括：公共安全组织保障、公共安全制度保障、公共安全技术保障、公共安全资金保障、公共安全人力保障和公共安全文化保障。职业安全与公共安全相互转换的保障机制包括：职业安全向公共安全转换的保障机制（包括安全产品政府购买；安全成本补偿、出台公共安全政策推动职业安全向公共安全转换等）和公共安全向职业安全转换的保障机制（包括明确划定安全产权，明晰安全主体责任；政府委托企业生产公共安全产品；发展和扶持安全产业，使公共安全产业化等）。

7.2 主要创新

7.2.1 用"私场所"安全、"公场所"安全阐释了职业安全、公共安全的涵义

职业安全是劳动者在作业场所中的安全与健康，主要是"私场所"的安全；公共安全是指公民进行正常的社会活动所需的安全、稳定的环境和秩序，主要是"公场所"的安全。职业安全的主体是企业；公共安全主体是政府。职业安全的客体是企业或其他组织的工作场所中存在的安全和健康问题，即"私"场所的安全和健康问题；公共安全的客体范畴非常广泛，影响社会公众安全和健康的问题都在其列，即"公"场所的安全和健康问题。职业安全是"准公共品"，兼有私人品和公共品的双重属性；公共安全属公共品范畴，而且是一种典型的公共产品。职业安全管理是企业管理、工商管理范畴，应采取 B 途径；公共安全管理属政府管理、公共管理或社会管理范畴，应采取 P 途径。

7.2.2 提出了社会安全福祉（效用）最大化、社会安全总成本和最优成本边界

研究职业安全与公共安全的边界和转换机理的目的是实现社会安全福祉（效用）最大化，优化社会安全产品总供给，提升国家安全治理能力，促进实施安全发展战略，构建安全保障型社会。社会安全总成本是职业安全成本与公共安全成本之和，即 $TSC=OSC+PSC$。最优成本边界是边际职业安全成本等于边际公共安全成本，即 $|MOSC|=|MPSC|$。

7.2.3 提出了安全的产权边界划分理论

在"科斯第一定理"即没有交易费用的状态下，安全的外部性或曰非效率可以通过政府和企业的谈判而得到纠正，从而达到社会安全福祉最大化。换言之，只要与安全相关的"产权"是明确的，并且假设交易成本为零，那么无论在开始时将产权赋予政府和企业，市场均衡的最终结果都是有效率的，能够实现安全资源配置的帕累托最优。

在"科斯第二定理"即交易费用为正的状态下，与安全相关的产权

是赋予政府还是赋予企业，或者是以合适的比例一部分赋予政府、一部分赋予企业，取决于那种产权安全和界定的社会安全福祉最大化。如果与安全相关的产权已经做出了安排和界定，那么通过调整产权边界、进行产权交易可以实现帕累托改善和提高社会安全福祉。

在"科斯第三定理"即交易费用为正并且政府准确界定与安全相关的产权的状态下，政府和企业之间、企业与企业之间无须再进行市场交易，社会安全福祉已经实现最大化，已经达到帕累托最优。如果非要进行交易，将提高交易费用，使社会安全福祉降低。换言之，政府对与安全相关的初始产权的界定十分重要，直接影响安全效用（福祉）。

7.2.4　提出了职业安全、公共安全可以相互转换、转换机理和保障机制

职业安全与公共安全具有同质性，存在"最大公约数"，从理论前提上具备了相互转换的可能性和可行性。职业安全领域的市场失灵与公共安全领域的政府失灵是转换的现实需求。转换的目的是实现社会安全福祉（效用）最大化。转换有两种类型：一种是职业安全向公共安全转换，另一种是公共安全向职业安全转换。转换时机是：职业安全领域出现市场失灵情况时，可以推动职业安全向公共安全转换；当公共安全领域出现政府失灵情况时，可以推动公共安全向职业安全转换。转换的驱动力是行政手段（"看得见的手"）和市场手段（"看不见的手"）。转换途径是 B 途径和 P 途径。如果需要推动和保障职业安全向公共安全转换，可以采用安全产品政府购买、安全成本补偿、出台公共安全政策等方式。如果需要推动和保障公共安全向职业安全转换，可以采用明确划定安全产权明晰安全主体责任、政府委托企业生产公共安全产品、发展和扶持安全产业使公共安全产业化等方式。

7.2.5　提出了社会安全无差异曲线等的概念，构建了安全产品供求和转换的数学模型并找到了社会安全福祉最优解

本研究以边际经济学理论为基础，首次提出社会安全无差异曲线和边际安全替代率概念，首次提出了安全可能性边界和边际安全转换率的概念，并构建了安全产品供求和转换的数学模型，找到了社会安全福祉（效用）最大化和帕累托最优的条件和期望值。

社会安全无差异曲线是一条在第一象限单调递减、凸向原点的曲

线，上面的点表示职业安全产品与公共安全产品的组合，这些组合所产生的社会安全总福祉（效用）相等。用数学公式表示，即：$OS=f(PS)$。其中，$f'(PS)<0$，$f''(PS)>0$。可用加入参数的倒数函数去拟合：$OS=a/PS$。其中，a 是参数，需要结合职业安全和公共安全产品的具体需求量或消耗量来确定。边际安全替代率是社会安全无差异曲线上的点的斜率的绝对值，即 $MSRS=|f'(PS)|=\left|\dfrac{\mathrm{d}OS}{\mathrm{d}PS}\right|$。

安全可能性边界曲线是一条在第一象限单调递减、凹向原点的曲线，安全可能性边界之上的点表示职业安全产品与公共安全产品的组合，这些组合是现有资源和技术条件下最安全的点。可以用数学公式表示，即 $OS=g(PS)$。其中，$g'(PS)<0$；$g''(PS)<0$。可用加入参数的幂函数去拟合：$OS=b-PS^{c}$。其中，b 和 c 是参数。边际安全转换率是生产可能性边界曲线的斜率的绝对值，即 $MSRT=|g'(PS)|=\left|\dfrac{\mathrm{d}OS}{\mathrm{d}PS}\right|$。

将社会安全无差异曲线和安全可能性曲线放在一个坐标轴里统筹考虑，只有当边际安全替代率等于边际安全转换率，也就是在社会安全无差异曲线和安全可能性曲线的切点，社会安全福祉（效用）最大化，即最优的安全产品供求状态。此时，

$$\max(SSW)\Leftrightarrow MSRS=MSRT$$

$$\begin{cases} f(PS)=g(PS) \\ f'(PS)=g'(PS) \end{cases}$$

假设两条曲线可以分别用加入参量的倒数函数和幂函数拟合，可得

$$\begin{cases} \dfrac{a}{PS}=b-PS^{c} \\ -\dfrac{a}{PS^{2}}=-\dfrac{c}{PS^{c-1}} \end{cases}$$

解得

$$\begin{cases} PS=\left(\dfrac{c}{a}\right)^{\frac{1}{c-3}} \\ OS=a\left(\dfrac{c}{a}\right)^{-\frac{1}{c-3}} \\ a=b\left(\dfrac{c}{a}\right)^{\frac{1}{c-3}}-\left(\dfrac{c}{a}\right)^{\frac{c+1}{c-3}} \end{cases}$$

7.3 研究展望

职业安全和公共安全的边界和转换的目的是厘清安全领域政府与市场的关系，优化安全产品总供给，实现社会安全福祉（效用）最大化，提升国家安全治理能力，促进实施安全发展战略，构建安全保障型社会。本书主要从安全科学、管理学和经济学的角度，对职业安全与公共安全的边界和转换问题进行了深入研究，取得了一定的成果和创新。但由于时间、资料和本人的研究能力所限，仍有很多不足之处。本书的研究工作还没有结束，还需要继续作更深入的研究。

本书需要进一步研究的主要问题如下：

（1）在现实工作中，跟随我国深化经济体制改革的脚步，进一步明晰政府和市场、政府和企业的关系，改革和优化政府职能，充分发挥在安全领域政府和市场的作用，对职业安全与公共安全进行更为细化的界定，从而厘清各安全主体的责任、权利和义务，遏制重特大公共安全事件和安全生产事故发生，为构建安全保障型社会、实现经济社会安全发展、科学发展、可持续发展贡献更大力量。

（2）通过各种渠道和途径，获取职业安全与公共安全成本、效益、投入、产出的历史数据，从而能够确定数学模型中参量的数值，提供更加精确的边界值和转换时机，以及最优化的安全资源配置方案。

（3）从政府宏观调控和企业微观管理的角度，为"私场所"的职业安全治理提供更多的方案、方法和相关措施。

（4）从公共政策和公共产品供给的角度，为国家公共安全治理提供更多的政策建议，为公共安全领域（包括安全生产监管、自然灾害防控、应急救援、职业健康、公共卫生等）的政府改革、机构设置提供相关方案和建议。

（5）依托对职业安全、公共安全之间转换机理的解析，为构建"大安全"体系和总体国家安全观提供一定的理论基础，推动安全从"治理"到"善治"，进一步阐释"中国之治"的安全密码。

参 考 文 献

［1］ 胡锦涛. 坚定不移沿着中国特色社会主义道路前进 为全面建成小康社会而奋斗——在中国共产党第十八次全国代表大会上的报告［M］. 北京：人民出版社出版，2012.

［2］ 中共中央关于全面深化改革若干重大问题的决定［M］. 北京：人民出版社，2013.

［3］ 中共中央关于全面推进依法治国若干重大问题的决定［M］. 北京：人民出版社，2014.

［4］ 中华人民共和国安全生产法［M］. 北京：法律出版社，2014.

［5］ 中国共产党第十八届中央委员会第五次全体会议公报［M］. 北京：人民出版社，2015.

［6］ 中共中央 国务院关于推进安全生产领域改革发展的意见［M］. 北京：人民出版社，2016

［7］ 习近平. 不忘初心、牢记使命，高举中国特色社会主义伟大旗帜，决胜全面建成小康社会，夺取新时代中国特色社会主义伟大胜利，为实现中华民族伟大复兴的中国梦不懈奋斗！——在中国共产党第十九次全国代表大会上的报告［M］. 北京：人民出版社，2017.

［8］ 中共中央关于坚持和完善中国特色社会主义制度、推进国家治理体系和治理能力现代化若干重大问题的决定［M］. 北京：人民出版社，2019.

［9］ 习近平在中央政治局第十九次集体学习时强调充分发挥我国应急管理体系特色和优势积极推进我国应急管理体系和能力现代化［N］. 新华网，2019-11-30.

［10］ 赵振华. 市场与政府之间的边界在哪里［N］. 中国新闻周刊，2012-12-27.

［11］ 陈维达. 论政府产权制度的完善［J］. 重庆工商大学学报（社会科学版）. 2007（4）：13-19.

［12］ 代水平. 政府产权的理论逻辑及其边界约束——兼论中国政府改革［D］. 西安：西北大学，2012.

［13］ 夏保成. 美国公共安全管理导论［M］. 北京：当代中国出版社，2006.

［14］ 国务院. 国家突发公共事件总体应急预案［M］. 北京：中国法制出版社，2006.

［15］ 赵成根. 国外大城市危机管理模式研究［M］. 北京：中国人民公安大学出版社，2007.

［16］ 薛澜，张强，钟开斌. 危机管理——转型期中国面临的挑战［M］. 北京：清华大学出版社，2003.

［17］ 黄顺康. 论公共安全危机管理中政府的责任［N］. 华大学领导力培训网，2010-12-9.

［18］ 滕五晓. 公共安全管理中地方政府的责任及其作用［J］. 社会科学，2005（12）：

65 – 71.

[19]　张勇. 政府责任研究：实践基础与理论背景 [J]. 理论探索，2011 (4)：124 – 127.

[20]　曾娅丹. 我国公共安全管理中的政府责任研究 [D]. 上海：上海交通大学，2007.

[21]　范维澄. 公共安全科技的思考 [N]. 中国科学技术协会网站，2011 - 9 - 26.

[22]　翁翼飞，王幼莉，唐龙海. 安全监管学 [M]. 北京：中国水利水电出版社，2012.

[23]　翁翼飞，高双喜. 煤矿安全的准公共品属性与安全投入主体的责任 [J]. 煤矿安全，2010，41 (6)：143 – 145.

[24]　平安是最基本的公共产品——打造更高起点的"平安中国"之一 [N]. 人民日报，2013 - 6 - 3.

[25]　陈厚丞. 食品安全监管过程中的政府失灵问题研究 [D]. 南昌：东华理工大学，2013.

[26]　企业安全生产责任体系五落实五到位规定 [N]. 国家安监总局网站，2015 - 3 - 16.

[27]　张燕. 公共安全治理与政府责任 [J]. 行政管理改革，2015 (1)：53 – 56.

[28]　李亚玲. 产权结构、产权边界与产权明晰——企业产权制度研究 [J]. 思想战线，2008 (4)：89 – 94.

[29]　姚满善. 浅谈如何建立企业安全生产保障机制 [J]. 中国金属通报，2013 (47)：42 – 43.

[30]　Weng Y. *Theoretical Connotation and Practices of Strengthening the Infrastructure of Work Safety in Coalmine* [C]. ICEEE 2015.

[31]　Weng Y. *Game Model and Analysis of Market - based Refined Safety Management in a Coalmine Enterprise* [C]. The 2nd International Symposium on Mine Safety Science and Engineering，2013.

[32]　Weng Y. *Research on the Relationship among Safety Labor Division，Safety Specialization and Safety Marketization* [C]. The 2nd International Symposium on Mine Safety Science and Engineering，2013.

[33]　翁翼飞. 老矿区及资源整合矿井安全高效开采模式研究 [J]. 煤矿安全，2014，45 (1)：207 – 210.

[34]　翁翼飞，李季，张跃兵，等. 煤矿安全监管监察政策走向与发展趋势 [J]. 中国煤炭，2015 (3)：126 – 130.

[35]　翁翼飞. 安全要素流与企业系统安全管理 [J]. 华北科技学院学报，2015 (2)：83 – 85.

[36]　王丹，翁翼飞，王幼莉. 煤矿安全市场化精细管理及运行机制 [M]. 北京：中国水利水电出版社，2018.

[37]　国家安全生产监督管理总局. 安全生产"十二五"规划 [R]，2011.

[38]　解读 OHSASI8001 职业健康安全管理体系标准 [J]. 标准生活，2009 (7)：43 – 47.

[39]　张倩，黄德寅，刘茂. 职业健康安全管理体系研究进展 [J]. 中国公共安全，2014 (2)：209.

[40]　Labodova A. *Implementing integrated management systems using a risk analysis*

based approach [J]. Journal of Cleaner Production，2004（12）：571－580.

[41] 罗云，程五一. 现代安全管理 [M]. 北京：化学工业出版社，2004.

[42] Harms L. Relationships between accident investigations，risk analysis and safety management [J]. Journal of Hazardous Materials，2004，（111）：13－19.

[43] 陈宝智. 安全管理 [M]. 天津：天津大学出版社，1999.

[44] STEEN J V. *Safety Performance Measurement* [M]. Huston：Gulf Publishing Company，1996.

[45] REASON J. *A Systems Approach to Organizational Error* [J]. Ergonomics，1995，38（8）：1708－1721.

[46] FINK S. *Crisis Management：Planning for the Inevitable* [M]. University Inc publish，1986：367－382.

[47] 罗伯特·希斯. 危机管理 [M]. 王成，宋炳辉，金瑛，译. 北京：中信出版社，2004.

[48] 谢迎军，马晓明，刁倩. 国内外应急管理发展综述 [J]. 电信科学，2010（S3）：28－32.

[49] 陈成文，蒋勇，黄娟. 应急管理－国外模式及启示 [J]. 甘肃社会科学，2010（5）：201－206.

[50] 高小平，刘一弘. 我国应急管理研究述评 [J]. 中国行政管理，2009（9）：19－22.

[51] 张海龙. 应急管理关键问题研究 [D]. 长春：吉林大学，2010.

[52] 仇方迎，李凝，赵凤华. 危机管理学科建设呈现三大亮点 [N]. 科技日报，2007.5.21.

[53] 财政部经济建设司、国家安全生产监督管理总局办公厅（财务司）. 安全生产经济政策制度汇编 [M]. 北京：中国财政经济出版社，2007.

[54] 王显政. 完善我国安全生产监管管理体系研究 [M]. 北京：煤炭工业出版社，2005.

[55] 刘伟，王丹. 安全经济学 [M]. 徐州：中国矿业大学出版社，2008.

[56] 张骥，刘伟. 管理学 [M]. 徐州：中国矿业大学出版社，2006.

[57] 王胤. 浅谈安全生产社会管理创新 [J]. 吉林劳动保护，2011（8）：36－37.

[58] 杨光. 论社会制约机制在煤矿安全生产中的功效 [J]. 山东工商学院学报，2007（8）：17－20.

[59] 李文武，翁翼飞. 落实安全发展理念 加强安全生产监管 [R]，2008.

[60] 张红凤. 规制经济学研究的整体评价 [N]. 光明日报，2008.

[61] 杨全海. 市场经济条件下市场失灵与政府宏观规制创新研究 [J]. 改革与战略，2009（3）：18－20.

[62] 韩小乾，王立杰. 论市场经济体制下的安全生产监督管理工作 [J]. 中国安全科学学报，2001.11（5）：47－52.

[63] 夏业干. 市场经济对企业安全生产的负面影响及对策 [J]. 工业安全与防尘，1995（10）：34－35.

[64] 梁贺新. 基于外部性理论的煤矿安全规制路径探析 [J]. 煤炭经济研究，2009（11）：90－92.

[65]　翁翼飞. 我国煤矿安全投入的历史沿革与现行政策述评 [J]. 煤炭工程，
　　　2010 (8)：119-121.

[66]　王庆运. 企业安全生产主体责任理论探讨 [J]. 中国安全生产科学技术，
　　　2008 (12)：169-172.

[67]　施惠财. 关于企业安全生产责任主体地位主要内容的思考 [J]. 中国经贸导刊，
　　　2004 (24)：2-4.

[68]　刘湘丽. 强化企业安全生产的主体责任 [J]. 经济管理，2006 (9)：19-20.

[69]　柳劲松. 行业组织市场监管职能研究 [M]. 武汉：华中师范大学出版社，2009.

[70]　乔卫兵，陈光. 高危行业安全生产责任保险研究 [M]. 北京：中国财政经济出
　　　版社，2009.

[71]　唐龙海，张骥，翁翼飞. 关于煤矿安全生产投入的税收激励探讨 [C] //第一届
　　　全国安全科学理论研讨会论文集，2008.

[72]　孟凡利. 公共规制的财政手段及其利弊分析 [N]. http://rucjeff.bokee.com/
　　　2593356.html.

[73]　李晶，都秀. 中国煤矿安全的财税政策设计 [J]. 财经问题研究，2008 (1)：91-95.

[74]　向飞，丹晴，赵大伟. 政府在高危行业推进安全生产责任保险的作用和对策
　　　[J]. 经济管理，2009 (6)：143-147.